汉宫对话

汉中·文化建筑实践

HAN MUSEUM DIALOGUES

An Architectural & Cultural Practice in Hanzhong

钱　健　潘赛男　蔡少敏　著

中国建筑工业出版社

汉宫石雕
摄影：潘赛男

序言

　　我与汉宫的建筑师钱健先生相识已有多年，他在华东建筑设计研究院工作时，就去参观过他参与设计的无锡灵山梵宫项目。梵宫是一栋装饰风格比较浓郁的佛教文化建筑，建成以后在社会和行业中产生了较大的影响，当时还举办了两届世界佛教文化论坛，吸引了很多政府领导、文化学者、宗教人士和游客游览参观。梵宫既赢得了大量建筑专业领域、文化领域和工程领域的奖项，也引起了较多的争议。之后他创办了圆直设计，致力于文化建筑的研究、设计，近年来陆续完成了建于山东曲阜孔子出生地的尼山大学堂、日照太阳文化中心、九江吴城的鸟类展示中心、候鸟小镇等建筑，充分彰显了在地性文化，并与时代的脉搏"共振"，成为具有特色的文化建筑。

　　圆直设计是上海市建筑学会的成员单位。在上海市建筑学会的会员单位中，有从事传统建筑研究的，也有从事历史建筑保护和更新设计的，圆直设计可以说是突破了这些专业的限制。钱健和圆直设计的建筑师希望能"以古人之规矩，开自己之生面"，用建筑讲述共同的文化记忆，在当前的大背景下创作符合文化和旅游市场需求的建筑。

前不久，钱健给我介绍了落成于汉中的汉宫项目，是位于陕西汉中旅游区兴汉胜境内的汉文化博览园，包含了博物馆参观、表演、展览、会议等多种功能。建筑大气磅礴，细部也非常精美，尤其引起我兴趣的是汉宫项目的创作过程。与一般项目不太相同，他们非常突出建筑的文化策划，将汉中文化从形式到内涵转化到一个具有现代功能的建筑项目中。为了更充分地表现这种意象，他们特别在艺术装饰过程中与擅长不同专项的工艺美术大师、艺术工匠进行了合作，不断研究与尝试。项目也成为传统工匠施展才艺的舞台，用艺术性的方法来表现石、铜、木等建筑材料，是建筑创作与精湛工艺的结合，最终大规模地将传统工艺和现代技术融合在一起，应用在建筑外观与室内装饰之中，给人震撼人心的强烈感受。

中国传统建筑作为伟大的中华文明的载体之一，已连续发展了五千年之久。在现代技术突飞猛进的今天，建筑在满足时代功能需求的同时如何体现和传承悠久的文化，在建筑学界一直是备受关注的课题。从近代建筑保持"中国建筑的固有形式"到现代建筑追求"神似"，建筑师们进行着不懈的努力。本书通过多个章节，不仅对汉宫建筑设计做了详细的记述，更是以建筑作为载体，着重讲述了在项目设计和建造过程中传统建筑文化与当代人之间发生的故事，从而在这个时代，在汉中这个历史传统积淀丰富的地方，将汉宫作为一个特殊的文化现象进行了论述。

本书的主要作者钱健是一位杰出的中青年建筑师，他不仅有传承中国文化的情怀，更是一位脚踏实地地把理想变成现实的建筑师；他既是一位有着丰富经验的现代工程项目的主持建筑师，还是一位潜心研究中国建筑历史、营造方法、传统和文化的学者。

我愿意把这本书推荐给对中国建筑文化、对汉中汉文化、对修建汉宫这座建筑和对传统工匠技术的当代应用等领域感兴趣的人们。

曹嘉明
写于上海建筑学会
2022 年 5 月

汉宫
摄影：章勇

前言
穿越秦岭的回忆

　　汉宫的建筑设计，从第一次坐车穿越秦岭开始。2012年，我们的车队从咸阳机场出发，目的地是汉中。秦岭横亘千里，山峦起伏，遮云蔽日，非常险峻。汉中城市在秦岭和大巴山之间，李太白描写"难于上青天"的蜀道即是指古代西安穿越秦岭到达汉中、再由汉中经大巴山到达蜀地成都的道路。

　　我们前往汉中是受汉中文化旅游投资集团有限公司（下文简称"汉文投"）的邀请，参与设计名为"兴汉胜境"的文化旅游项目。此行中，我们的带领者是无锡灵山文化旅游集团的吴国平董事长，他是国内文化旅游方面的领军人物。在此之前我们已参与了灵山集团的灵山胜境项目，本次我带领的建筑设计团队所承担的工作，是兴汉胜境的核心项目——汉文化博览园，也被称为汉宫，包含了汉文化博物馆、兴汉城市展览馆和汉乐府三座建筑。此行目的是去现场进行踏勘，并在当地寻找汉中的汉文化作为汉宫建筑的设计源头。

　　汉宫是一座体现文化和旅游属性的建筑。设计需要完成当地文化的植入与旅游功能的落地，需要在设计统筹单位灵山集团的带领下建造一座能"讲故事"的建筑。随着我们深入到蜀道深处走访汉中的各个名胜古迹，以汉中的汉文化作为本项目的文化源头的构思渐渐形成了。于是，一个个汉中的故事浮现出来，联系起汉中、汉朝与汉文化，成为我们表现的空间场景；于是，刘邦、张良、韩信、张骞、诸葛亮、蔡伦等一个个鲜活的人物浮现出来，成为我们项目的精神内涵。让人们去了解汉中的汉文化，认识这些汉人的杰出代表，成为我们建筑的主要功能。

那么，该用什么方法去讲故事？汉宫是一个博物馆、展览馆，同时也是一个艺术的殿堂。绘画、雕刻、表演等各种艺术形式都是讲故事的好方法。在这方面的设计上，我们已有了不少的经验，例如之前设计的无锡灵山梵宫，就是一座佛教艺术主题的殿堂。要通过营造艺术殿堂来讲述汉中城市的辉煌，我们的工作要点在于把握故事脉络，串连主线，娓娓道来。可以说，第一次穿越秦岭的体验让我们认识了汉中，通过向刘建华老师、龚鹏程老师和汉中的各位文化学者学习，初步将汉宫建筑与汉中、汉朝、汉文化连接了起来。

2015年，汉中机场民用航线开通了，随后两年我们穿越秦岭的方式是坐飞机从空中穿越。还记得第一次从空中穿越秦岭的经历，飞机起飞后载我们来到秦岭的上空，乘客纷纷起立，挤到舷窗的一侧俯瞰秦岭，几秒钟后飞机转身，人们又拥向另一侧舷窗，惊得乘务员们面容失色，赶紧制止。估计过去航路不通，一向视为畏途的秦岭如此轻易地"一飞而过"，让汉中人非常之震撼。当时，汉宫建筑已有了初步的构想，从"对应星空"得到的规划布局，从呼应山水形成的仙岛园景，再到上下三分构成的建筑营造。在这两年里，解决的难点转变为项目的实现，在飞来飞去的旅程中所思所想都是如何让已然"起飞"的项目完美地落地。

当时汉宫的设计如火如荼地进行，如何创作建筑精品？我们"突破险阻"的"蜀道"是设计师、艺术家之间充分协作。作为建筑师，我们向艺术家、手工艺匠人学习，学习他们对于材料的理解，学习创作中的工匠精神。他们更注重文化的传承、工艺的传承、精神上的融合，这些方法和经验弥足珍贵。通过学习与合作让建筑散发出艺术的气息，建筑本身也就成为一件艺术品。于是有了石头材料上动人的表面肌理，有了灵动的装饰图案，有了木头斗栱的纹理。建筑师把自己当作艺术家，去体会石、木、砖、瓦的表现力。与此同时，艺术家也作为工程设计的伙伴，协助参与到项目的营造之中。一旦将工匠的精神发挥到建筑设计和施工之中，共同作品就兼具了艺术家的精美、工程师的精细和工匠的精致，建筑也开始散发出灵性，变得更为神采奕奕。

同时，设计师之间的协作也非常关键。承担项目结构设备专业和施工图设计的华东建筑设计研究院有限公司的设计师是我们建筑设计中最好的合作伙伴，禾易、聚隆、凡度、艾斯贝斯、锋尚、易照等公司在各自的专业领域中给予我们很多的帮助，艺术家们也变身为营造团队的重要成员，在王永强老师的带领下，他们为建筑增添了无尽的风采。可以说，这两年的"飞越"打通的是建筑师、工程师、艺术家、工匠的专业界限，是汉宫成为建筑艺术精品项目的有力保障。

2017 年之后，我们穿越秦岭的方式变为坐高铁。那一年，西安到成都的高速铁路开通了！我们迫不及待地定了靠窗的座位来欣赏沿途的美景，半路上却发觉这次旅程如坐地铁，一路上都是隧道接着隧道，不见天日，不禁哑然失笑。当时汉宫设计基本完成，旅途中做了一些小结，从建筑创作的角度梳理了汉宫设计过程中的三种尝试。第一个尝试是将中国古代设计思想创新性地运用到当代建筑之中。用中国古人对于规划、建筑、园林的思想来指导设计，并集中通过一个现代建筑表现出来，从而让传统文化发挥出新的生命力。第二个尝试是将传统的建筑形式与当代的建筑功能结合起来，既有亭台楼阁、高台垒筑、飞廊叉拱的形态，符合人们对于汉式建筑的想象；又有现代博物馆、艺术馆、剧场、体验馆的功能与空间特征。通过新空间、新材料、新技术将两者和谐地统一在一起，使之既传承了传统的血脉，又富有当代气息。第三个尝试是将传统工艺和现代建筑技术结合在一起。汉宫建筑的建造工艺既有手工制作也有工业化制作，我们尝试把一些快要失传的建筑装饰和艺术手法通过创新的方式用于新建筑中，使之散发出新的活力。

汉中地处秦岭巴山之间，所以交通不发达时人们要走出来，必须要穿越重重高山，这也铸就了当地人的性格。如汉中城固人张骞，他凿空西域，成为丝绸之路的开拓者，也正是这种不畏艰险、勇于探索的精神成就了他的伟业。汉宫的设计，处于一个蜀道逐渐变为通途的大时代。作为建筑师，我们见识了秦岭之大、汉中之美、汉文化之博大精深，感受到了一代一代汉中人的精神，所有这些都是建筑师参与汉宫项目的收获。

钱健

2020 年 10 月

叁 楼宇

伍 琢磨

汉人老家
摄影：雷一牡

引言

　　位于陕西省西南部的汉中，是"镶嵌"在秦岭和巴山之间的一座历史悠久的城市，其地势险要、物产丰饶，自古是兵家必争之地，享有"西北小江南，汉家发祥地，中华聚宝盆"的美誉。两千年后，在古老的汉中土地上，一座以三国两汉文化为核心的新城正破土而出。城市即景区，文化即生活，社区即园区。这座名为"兴汉新区"的未来之城尝试以汉文化为根基，将文化、生态、居住、产业融合在一起，寻求一条新城镇建设的可持续之路。

　　而兴汉胜境中的汉宫，又称汉文化博览园，不仅位于整个新城区域的中心位置，更是文化上的核心高地。这是一座如梦似幻的汉文化殿堂，园内遍布山水林木，奇花异草。层叠垒筑的高台之上，横亘着飞檐连廊，琼楼玉宇。在雄伟的秦岭山脉与汉源湖水的映衬下，汉宫巍然屹立于天地之间，再现《大风歌》中豪迈朴拙的大汉雄风。

汉宫应兴汉胜境的规划建设而生。兴汉胜境景区以"汉文化"为主题，策划了名为汉宫的建筑群，并围绕汉宫来规划整个园区，进一步辐射到汉中新城区，形成新的城市发展格局。汉宫是一组宏伟的建筑组群，由汉文化博物馆、城市展览馆和汉乐府三座核心建筑构成，三岛上的三座建筑相互映衬，共同构筑出恢弘雄伟的当代汉文化宫殿。

汉文化是中国文化的重要组成部分，汉中这座城市与汉文化的故事源远流长。文化学者余秋雨在《话说汉中》中提到："我是汉族、我说汉语、我写汉字。这是因为我们曾经有过一个伟大的王朝——汉朝，而汉朝有一个非常重要的重镇，就是汉中。来到汉中，我最大的感受是这儿的山水全都成了历史，而且这些历史已经成为我们全民族的故事。所以汉中这样的地方不能不来，不来就非常遗憾了。因此，我有个建议：让全体中国人把汉中当作汉人的老家，把每次来汉中当作'回一次家'"。

　　为什么余秋雨建议把汉中当作"汉人老家"？汉中、汉朝、汉文化之间有着什么样的关系？这是在设计汉宫建筑之前首先要深入研究的问题。找到了三者的关系，也就找到汉宫建筑文化的出发点。循着这个目标，设计团队开始追根溯源地研究汉中、汉朝和汉文化，同时考量如何融入新的功能、新的建筑技术、新的艺术表现方法，由远及近、逐步深入地迈入汉宫的创作之路。

路出
難更
隨圍
谷復
通堂

開余
鑿通
石門
中遭
元二
西夷

顛下
則入
冥傾
寫輸
淵于
阿涼

因興
軍騎
遷弓
弗南
者惡

登圓
饒逮
界者
楚思
惠者

楗鳥
武陽
楊君
庶守
西文
梁者

崇南
是聽
發子
史斯
禪其
度

汉中地理中心

汉代之源

⊙ 汉代之源

⊙ 汉文化重镇

⊙ 兴汉胜境

⊙ 时代机遇

⊙ 谋篇布局

⊙ 擘画蓝图

汉源

汉中

地理中心

汉族是中国的主体民族，但很少有人知道"汉"字的本义。"汉"原指天河、银河、星河。"天上银河地下汉水"，在中原大地上，有一条大江横亘而过，因其走向与夏季银河相仿而得名汉水，汉水的发源地也因此被命名为汉中。

汉水是长江的第一大支流，从秦巴山脉间穿行而过，逝水滚滚，于湖北汉口汇入长江。由于汉水的常年冲积，在崇山峻岭之中形成了西起勉县武侯镇、东至洋县龙亭镇、北依秦岭、南靠巴山的汉中平原。这块东西长100多公里、南北宽20多公里的土地，是秦岭与巴山间唯一的一块平地，也是汉中城市所在之处。因地处秦岭以南，汉中的气候、风物都与江南接近，有"西北小江南"之称。春天油菜花遍野，夏日佳木荫荫，秋天稻田漠漠，冬日群鸟依依。山中老林遍布，生态环境极佳，是朱鹮、大熊猫、金丝猴和羚牛等珍稀动物的栖息地，人兽相安，怡然自乐。

从汉宫的基地向北就可以望见秦岭。秦岭被称为华夏文明的龙脉，狭义上的秦岭指陕西省南部渭河与汉江之间的山地，广义上的秦岭是中国南北气候的分界线，也是长江与黄河的分水岭。在战国时期，今日陕西省的大部分区域以及秦岭山脉的北部都是战国七雄之一的秦国的领地，因此山脉得名秦岭，秦这个古老的名称也成为今天陕西省的简称。

从汉宫的基地向南可以望见巴山，巴山再往南就到了四川盆地，也就是蜀地。蜀的名称来源于中国四川一带的一个古老的部族，商周时期建有蜀国，秦朝为蜀郡，三国时期为蜀汉地，所以时至今日蜀仍旧是四川的别称。汉中是历史上秦地入蜀的中间站，自元朝之后隶属于陕西。由于秦岭一带是中国南北的分界，虽然陕西的大部分地区是标准的北方地区，属于黄河流域，但汉中则是南方地区，属于长江流域。因此，汉中从气候、文化、语言到生活习惯都与以成都为代表的巴蜀文化更为接近。

巍峨绵延的秦巴山区构成了一个巨大的地理屏障，将陕西的关中平原与四川平原阻隔，将汉唐时期帝国的政治中心与富饶的蜀地分离。司马迁在《史记》中慨叹："秦岭，天下之大阻也。"为了突破秦岭的封阻，古人不得不循谷而行，践草为径，挖山通隧，依崖筑栈，修通了险峻奇绝的栈道。穿越秦巴山区的古栈道共有7条，其中北线4条，为故道（陈仓道）、褒斜道、微骆道、子午道；南线3条，为金牛道、米仓道、洋

褒斜古栈道
供图：汉文投

古道商队木雕

摄影：雷一牤

巴道（荔枝道）。"明修栈道、暗度陈仓"的陈仓道及李白诗中描绘的"蜀道难，难于上青天"的金牛道是其中的典型代表。汉中是这 7 条古道交汇的中心，也被称为"栈道之乡"。汉中栈道的修建早于万里长城的修建，其跨越了蜀道天堑，是中国古代工程史和交通史上的奇迹，充分展现了古人的智慧和勇敢。古人在悬崖峭壁之上凿孔架桥、连通阁道，铺就一条条智慧之路、生命之路、咏叹之路和石刻之路。

从长安入蜀，汉中是必经之地。汉中，是中原文明与古蜀国文明的连接点；是旱作农业与稻作农业的结合部；是帝国政治中心与经济中心间的枢纽；汉中还连接了西北丝绸之路与西南丝绸之路，是两条国际大通道的连接驿站。古道的连通使得汉中成为繁盛开明之地。"玺书交驰于斜谷之南，玉帛践乎梁益之乡。"蜀汉的锦缎、茶叶等物资源源不断地运往关中，长安三辅地区发达的文化流传至蜀汉。中原的丝绸和文化向西方传播，西域的物产、艺术和佛教也跟随商队而来。遥远的中亚、西亚文化与东南亚文化在此汇聚，汉中因此成为多种文化的交融地，留下了大量珍贵的文物古迹、诗词碑刻。

群山拱卫，一水中分，独特的地理位置造就了汉中特殊的地位。由于地处蜀道"咽喉"，是沟通南北的要冲，在政治家眼中，汉中也成为兵家必争之地。早在公元前 312 年，秦惠王时就设立了汉中郡。公元前 206 年，刘邦就是从汉中出发，开启了中国历史上一个影响最为深远的辉煌王朝。[1]

---

1. 赵燕 . 有座城市叫汉中 [J]. 设计新潮，2014（171）：13-16.

汉代之源

汉朝的"汉"字来源于何处？这与汉中有着不解的渊源。汉朝是中国历史上继秦朝之后的大统一王朝，其统治长达 400 余年，该时期中国版图空前扩大，文明高度发达。这段 400 年汉家历史的发端与汉中有关。

公元前 206 年，汉中的汉台是刘邦的官衙所在地。在此之前，刘邦是反对秦王朝的义军首领，赢得了先入秦国都城咸阳之功。项羽却违背了"先入关中者王"的约定，将刘邦封到当时尚属于蛮荒之地的汉中为汉王。刘邦在汉中潜心韬光养晦，并于汉台拜韩信为将，谋划与项羽的争霸战争。之后他明修栈道、暗度陈仓，率军翻越秦岭，大败项羽并取得了王位。刘邦统一天下后，怀念帝业兴于汉中，取天汉之美意，故以"汉"为国号，开创了与同时期的罗马帝国在某些方面达到相似繁荣度的大汉王朝。

汉朝是汉民族形成的重要时期。《辞源》记载："汉，民族名。因汉代声威播于国外，外人称中国为汉。"汉人为全世界人所认识、立于世界民族之林是在秦汉形成了国家的大一统和民族的融合之后形成的，汉朝是汉族凝聚成型的重要时期。汉武帝时期开通了河西走廊，打通了昆仑山北麓和天山南麓的通道，汉王朝的使臣商贾远行至中亚乃至罗马帝国，西方人从此认识了"汉人"与他们繁华的东方文明。自汉朝起，备受东西方历史学家推崇的汉文化欣欣向荣，衍生出汉语、汉学、汉服等汉文化的特征符号。

汉中除了与汉朝的发端有关，与汉朝的落幕也关系密切。史学家一般将汉朝分为西汉和东汉，也有学者将三国时期的蜀国称为蜀汉。公元221年，刘备在成都称帝，国号为汉。他自称是汉朝的延续，为匡复汉室建立了蜀汉政权。汉中勉县设有一座"天下第一"武侯祠，纪念三国时期蜀国的丞相诸葛亮。公元227年，诸葛亮开始驻军汉中，准备北伐事宜，至公元234年共发动5次进攻，但最终"出师未捷身先死"，葬于汉中勉县定军山脚下，蜀汉国力也随之衰落，蜀汉的历史被终结。

陆游诗云："岂知高帝业，惶惶汉中起"。汉中的山川水土，记录了两汉三国的历史，汉中之"汉"与汉朝、汉族之"汉"一脉相承。随着两千年的斗转星移，这段荡气回肠的历史与汉中的联系渐渐地被世人所遗忘。

汉文化重镇

汉朝奠定了中国几千年的思想体系。追溯源头，汉文化的重要构成"儒""释""道"三种文化均在汉朝产生了关键性的发展，汉中在这一中国思想发展和形成时期也积极参与其中，做出了自己的贡献。

汉族思想体系的主体是以春秋战国时期诸子百家学说为基础，儒家文化为骨干，不断演化发展而形成的。这一思想框架的建立在汉代。"佛从西来"的历史性时刻，也发生在汉朝。东汉汉明帝刘庄在永平年间感梦金人，太史解惑曰"佛"，明帝遣使西行求法，取回《四十二章经》，此为佛经传入中国之始。在汉朝，道教也十分兴盛。东汉末年，张鲁在汉中建立五斗米道，五斗米道在汉中兴盛30余年，为道教最终在全国传播、兴盛奠定了坚实基础。张鲁以老子思想为基础，以《道德经》为经典，阐述五斗米道的教义和思想，有力推动道教成为中国历史上最早的民间宗教，传承至今。汉朝的开明与博大，使各类思想、宗教流派都得以充分发展，从而奠定了中国几千年思想体系的根基。

汉字是中国文化的重要载体，在汉代，汉字得到了快速的发展。汉字是以象形字为基础，最早的文字是殷商后期的甲骨文，其形成了初步的定型文字。秦朝以小篆统一了文字，使每个字的笔画数固定下来；到了汉代，汉隶构成了新的笔形系统，字形也成了方块字；汉朝之后的魏晋时期楷书诞生，汉字就稳定下来，之后的一千多年一直没有大的变化，沿用至今。从小篆到隶书再到楷书的发展基本都在汉代前后完成，而文字的统一也极大程度地促成了中国文化的统一。

1915 年，中国最大的综合性辞典《辞海》在中华书局陆费逵先生的主持下启动编辑，词典封面的"辞海"二字就源于汉中石门的《石门颂》。石门是褒斜栈道南端的一段隧道，于东汉永平年间（公元 58 年—公元 75 年）开凿，是世界上第一座人工开凿的通车山体隧道，在世界交通史上具有重要地位。时人将石门隧道开凿始末以文字形式刻于山崖之上，隧道的故事极大地激励了经过此地的文人墨客，自汉魏以来，崖壁上陆续题刻了大量题咏和记事，总数达到 104 件，仅石门内壁就有石刻34 件。汉中石刻正处于汉字从小篆向隶书发展的重要过渡时期，代表了汉学书法发展承前启后的历史阶段，因此石门石刻既是中国工程史上的珍贵史料，又是书法艺术的杰作珍品。1970 年因修建石门水库，只得将淹没库区内最受推崇的 13 件摩崖石刻迁至汉中博物馆，并称为"石门十三品"。这批"国之瑰宝"属首批全国重点文物，是研究汉隶的重要实物，在中外书法界和金石学界地位极高。其中的名篇《石门颂》成书于东汉建和二年（公元 148 年），是由当时汉中太守撰写、书佐王戎书丹刻于石门内壁西侧的一方摩崖石刻，歌颂了东汉汉顺帝时期杨孟文"数上奏请"修复褒斜道的事迹。《石门颂》是中国书法史上的一座丰碑，正因为此，《辞海》从中取字作为标题，以沉稳朴拙的汉隶字体来匹配《辞典》内涵的博大精深。

石门石刻
摄影：潘赛男

汉中城固县有处张骞墓。张骞墓旁，有座张骞纪念馆。纪念馆门柱上有一副楹联，"一使胜千军，两出惠万年"，这位张骞便是举世闻名的丝绸之路的开拓者。张骞于公元164年出生于汉中城固县的博望村，后得汉武帝王令，为远播帝威，两次出使西域。张骞出使西域的壮举，被历史学家司马迁称为"凿空"。"凿空"这个词很生动，一凿子一凿子，把通往西域的道路打开。通过这条来之不易的道路，中国给世界带去了丝绸、茶叶、漆器，同时也从欧洲、西亚、中亚带回了宝石、玻璃、马匹。从某种程度而言，出使西域的张骞是第一个"睁开眼睛看世界"的中国人，世界也同时看到了来自大汉帝国的中国人，"汉人"从此成为世界称呼中国人的名称。诞生于汉中的张骞把汉朝与世界联系了起来，成为中国文化与世界文化间的使者。

汉中洋县龙亭有一处蔡伦纪念馆，龙亭是他的封侯之地，也是他的归葬之所。蔡伦出生于湖南耒阳，他总结了西汉以来的造纸经验，改进造纸工艺，由他发明的以树皮、麻布、渔网等为原料制造出的优质纸张被称为蔡侯纸。造纸术是中国古代四大发明之一，蔡伦改进的造纸术，沿着丝绸之路经过中亚、西欧传向整个世界，为世界文明的交流发挥了巨大的作用。汉中见证了蔡伦改进的造纸术的诞生，见证了汉文化的传播和发展。

从思想体系到书法文字，从文化传播到发明创造，在汉代，汉中是一片文化的热土，曾经发生过无数传奇的故事，书写了汉文化跌宕起伏的发展史中不可或缺的一笔。

兴汉胜境

时代机遇

汉代以后，随着政治中心的东移与经济中心的南移，被秦岭巴山阻隔的汉中受到的关注逐渐减少。地理特点成为汉中发展的一大障碍，对其他地区的人们来说，汉中显得那么遥远。偶尔听闻在抗日期间西北联大曾在此躲避战乱继续授课，也听一些长辈说起他们曾于二十世纪六七十年代随企业搬到作为"大三线"城市之一的汉中，在那里工作、生活几十年的经历。在近现代的历史进程中，汉中是沉寂的。地处崇山峻岭的腹地，交通不发达且远离经济中心，大部分时间都充当着资源供给的角色，在经济发展方面与关中陕北地区的差距日益拉大。

到了二十一世纪，随着中国的经济腾飞和文化兴盛，人们对文化的需求越发急迫，世代居住在汉台、武侯祠、张骞墓、拜将台周围的汉中人希望把他们的故事告诉国人和全世界，令汉中这个地理中心重新回到人们的视野之中——"这里是汉人老家"。沉寂许久的汉中终于迎来了天时、地利、人和的时代机遇。汉中所独有的文化、生态、水韵禀赋是发展的先天优势。我国已经进入休闲度假时代，文化与旅游产业的结合，是市场经济模式下文化复兴的一个重要方向。发挥资源优势，以文化为魂、以旅游为载体，促进文化与旅游的结合，以文化创意来提升旅游价值已成为目前旅游业发展的基本态势。

当地政府和企业家对于汉中这片土地有着强烈的自豪感和现状相对落后而产生的紧迫感。2011年，汉中万邦置业发展有限公司与汉中市汉台区人民政府等机构达成共同投资开发协议，组建了汉中文化旅游投资集团有限公司（简称汉文投集团），兴汉新区的开发正式启动。新园区位于汉中北部发展轴上，铁路线以北，外环线以南，占地27.7平方公里，称为"汉中兴汉生态旅游示范区"。汉文投集团希望实现文化旅游与城市产业的紧密联系，为汉中城市发展注入新的生机。城市的发展需要自己名片，而毫无疑问，汉中的名片中必然包含"汉文化"。兴汉新区尝试以汉文化为依托，以文化旅游为核心，以城乡统筹和城市可持续发展为基本立足点，建设集文化产业、旅游观光、休闲度假、康体医疗、商贸会展、安居生活为一体的综合性生态新城区，发展具有汉中特色的文化生态新模式。山、水、乡愁与城镇的关系被放在一个新的价值体系中重新考量，在汉中出现的兴汉新区，正是源自汉中人的乡愁和信念。[1]

---

1. 赵燕 . 有座城市叫汉中 [J]. 设计新潮，2014（171）：13-16.

　　2012 年，汉文投集团请来了无锡灵山文化旅游集团（简称灵山集团），为兴汉新区的文旅建设助力。灵山集团是一个擅长用文化讲述故事、创造文旅奇观的国内领先的文旅集团，其代表作品灵山胜境、拈花湾、山东尼山圣境等项目，以对"禅""儒"等文化的独到解读成为国内文旅项目的标杆。在兴汉新区，灵山集团负责主持核心项目"兴汉胜境"的创意策划、规划设计、建设管理、景区运营等工作。兴汉胜境位于兴汉新区的中心位置，是一个创新的文化综合类型项目。如何将汉文化的魅力和旅游进行有机融合，发挥集互动、参与、体验于一体的新型旅游模式的巨大潜力是项目的关键所在。[1]

---

1. 丁杰 . 汉中兴元汉文化生态新城镇的文化规划模式 [J]. 2014（171）：39.

谋篇布局

兴汉新区和兴汉胜境的规划都具有创新性。

兴汉新区的产业规划、区域规划、景观规划、核心区建筑设计体现了"城市即景区，文化即生活，社区即园区"的理念。兴汉新区项目主要包含三大核心工作：探索"城乡、社会、产业、生态、文化、旅游"六位一体的新型城镇化新模式；以兴汉胜境为核心，弘扬中国传统文化；以生态水系为依托，重建汉中城市生态基底。新区建设遵循了新型城镇化标准、低碳社区标准、智慧城市标准、5A级景区标准四大建设标准。

整个兴汉新区的布局由一条轴线自高铁站向北，贯穿全区，与"汉水文化东西河带"呈十字交汇，由此分为南北两段。南段依托高铁门户交通枢纽，以综合商业和高端商务为主；北段依托"文化生态十字轴心"，重点发展文化旅游业和休闲娱乐业。从东到西横贯在区域中部的一条13公里长的河道上，是"汉水文化东西河带"。水面宽度从60米到300米，能够通行特制的汉文化楼船及生态旅游水上巴士，沿线分段连起8个文化生态码头及休闲水岸商业区，带动沿线社区均衡发展。兴元湖和汉源湖位于整个兴汉新区的中心地带，"南北一轴"和"东西一带"在这里呈十字交织，形成"汉文化高地"和"水生态谷地"。

核心区兴汉胜境，位于兴元湖和汉源湖所在的"中心两湖"地带，统筹布局一宫、一苑、两馆、两街、一园等核心区

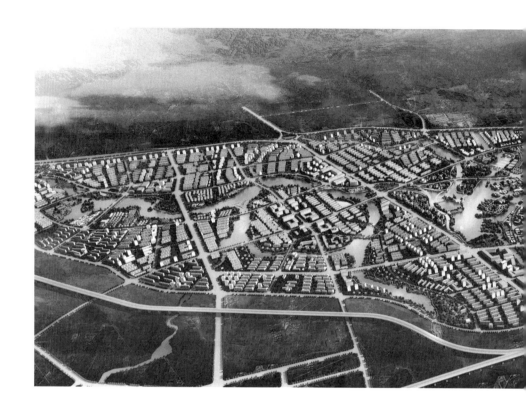

建筑群，总建筑面积约为 30 万平方米。

　　一宫，即"汉宫"，汉宫包括汉文化博物馆、兴汉城市展览馆及汉乐府三大主体建筑。汉文化博物馆是汉文化的神圣殿堂、汉文化的艺术宝库、汉文化的旅游奇观，核心空间汉文化大会堂为世界汉文化大会、世界汉学大会、世界汉语大会三大

国际盛会提供永久会址。兴汉城市展览馆是汉中时代进程的见证者，以新颖多元的方式演绎汉中及兴汉新区的过去、现在与未来。汉乐府是一处以"舞、乐、宴"为文化主题的汉风歌舞宴体验中心。一苑，即"汉苑酒店"，位于兴元湖和汉源湖之间，是一家高标准酒店，也是汉文化展示、交流和收藏的中心。两馆，即汉宫东西两侧的"蔡伦文化馆""诸葛智慧馆"，是以蔡伦和诸葛亮为主题的文化体验区。两街，即"汉人老家街"和"丝路风情街"，两条街首尾相接。游客可以踏着张骞的"脚印"，由汉街走上丝绸之路，也可以跟随当年张骞从西域引进的"汗血宝马"组成的马队，返回汉街。一园，即"蜀道乐园"，这是一个充满激情与想象，需要勇气、胆量和智慧的"冒险乐园"。一宫、一苑、两馆、两街、一园，共同构筑成兴汉胜境的规划版图。[1]

"让城市融入大自然，让居民望得见山、看得见水、记得住乡愁"[2]。在汉中这片热土上进行的建设，正在通过旅游项目和城市功能的融合，通过文化参与和休闲度假的一体化设计来创造一种新的文化旅游模式。

---

1. 庄山. 兴元新城镇：未来之城的构想与实践 [J]. 三联生活周刊，2014（29）：126-135.
2. 钱锟. 汉中的山水乡愁 [J]. 设计新潮，2014（171）：8-13.

擘画蓝图

汉宫位于兴汉胜境的核心位置，是整个片区的主体建筑。受汉文投集团与灵山集团的委托，上海圆直设计的建筑师们执笔汉宫的建筑设计工作。对于圆直团队来说，文化宫殿这一主题并不陌生。早在 10 年前，团队中的主要设计师就主创完成了无锡灵山梵宫的建筑设计，那是一座展现佛教文化的艺术宫殿，并成为世界佛教大会的永久会址。汉宫是一座现代的文化宫殿，以讲述汉中的汉文化为主旨，前期进行了建筑文化和功能的策划，功能包括剧场、展厅、会议厅、宴会厅、游客服务中心等。这些功能在汉文化博物馆、兴汉城市展览馆和汉乐府三栋建筑中进行布局。

运用建筑表达这样一个宏大的主题并非易事，汉宫项目对圆直设计的设计师提出了一系列的问题，需要用建筑语言一一作答。

首先是建筑文化性问题：如何处理好汉中和汉文化之间关系，继而用建筑表达汉中的汉文化？为了找到答案，建筑师们走访了汉中的山山水水，在与汉水、秦岭、巴山的对话中感受自然的博大，蜀道的艰辛；走访了汉中的名胜古迹，在与汉代圣贤的对话中体会汉民族的血脉、思想和精神的一脉相承、源远流长。这些文化点在汉宫的核心空间先祖堂、先圣堂、先贤堂、汉文化环廊和汉文化大会堂中借助建筑语言一一落位，通过文化脉络的梳理和文化框架的构建，用建筑讲述故事，让历史发出回响，让汉中人和访客了解"汉"的起源，从而唤醒地域乃至民族的文化记忆。

其次是建筑的时代性问题：如何处理好传统建筑与当代的汉文化建筑之间的关系？解决的方法是建筑寻源与创新。寻源在于试着穿越到汉代那个被秦岭巴山包围的城市，像两千年前的规划师和建筑师一样研究星象、山水，研究木头、石料与瓦片，挖掘城市的文化印记。创新在于建筑的规划符合当代城市发展需要，成为城市版图的有机组成；建筑的功能符合现代人的需求，活态融入当代人的文化生活。寻源与创新相结合，营造出历史上没有、现代城市中缺乏、充分继承中国文化基因的新建筑，为城市增添多样性和丰富性。

第三是如何体现中国建筑的艺术美，解答好中国建筑艺术表现方面的问题。从全球视角来看，中国建筑有其独特的呈现方式和审美标准。设计之初，建筑师们考察了汉中的老建筑并拓展到各类文献资料，从中找寻中国建筑之美，并力求在设计时将中国人的诗、歌、舞融入建筑环境中。建筑师们充分地与艺术家、传统手工艺大师等共同协作，创作的过程中充满了工业化建造和传统手工营造间的对立与对话、协作与妥协，衡量的标尺是两千年延续下来的中国式审美。

汉宫是十分特别的文旅项目，把一种文化与一座建筑融合在了一起。建筑师获得了一个难得的机遇，从地域性、时代性、文化性切入，去了解古代建筑，创新当代建筑。为此，建筑师尝试用建筑与天和地对话展现中国建筑的文化性；与山和水对话表达中国建筑的景观性；与汉代的建筑对话体现中国建筑的形态逻辑；与景观、室内、演艺设计师对话表达中国建筑的空间性；与艺术家、工匠对话继承营造逻辑，展现工匠精神。以下的章节也正是通过对这五个方面作出详细阐述，来记录如何进行汉宫这样一个传统文化主题的建筑大制作，塑造新时代的中国建筑之美。

汉宫园林
供图：汉文投

苑囿

⊙ 造园天上银河
⊙ 一池三山
⊙ 千尺为势
⊙ 布局对应于山水的布局
⊙ 地上汉宫
⊙ 仙岛上的园林
⊙ 营建磅礴之势

造园

天上银河

中国古代，人们认为天上的星辰与地上的人，乃至人的居住环境具有极为密切的对应关系。因此，古人在营造园林与建筑时，试图让布局与宇宙天地构造一致，"顺之以天理"，追求与天同源同构，与自然和谐统一。"天人合一"的宇宙哲学思想广泛地作用于城市与宫殿苑囿的规划之中。

中国古代天文学家把天空分为三垣、四象、二十八星宿。三垣，即紫微垣、太微垣、天市垣，是位于天空中央的三组星群。"垣"是城墙的意思。三垣中，紫微垣象征宫殿，太微垣象征府衙，天市垣象征街市。紫微垣是三垣的中垣，居于北天中央，所以又称中宫，或紫微宫。在三垣之外分布着四象：东青龙、西白虎、南朱雀、北玄武，分别是位于东西南北四个方位的星群，将其比喻成龙、虎、朱雀、玄武四种神兽。古人把天空划分成三垣、四象的一个重要的作用是借以观察五颗行星的运动轨迹。这五颗星即"金、木、水、火、土",合称五纬。五颗行星在天空中,像纬线一样由东向西,穿梭行进。古人通过辨明三垣、四象、二十八星宿这些恒星所构建的天宫坐标系,观察五星等行星的位置变化,以此来占卜各类事务,确定季节、农时。

运用天象来作规划是中国古代的传统。《三辅黄图》中记载了秦代咸阳城的布局:"咸阳宫,因北陵营殿、端门四达,以则紫宫,象帝居。引渭水贯都以象天汉,横桥南渡,以法牵牛。""紫宫"指紫微垣,"天汉"指银河,牵牛指牵牛星,咸阳宫城效法星象布局,以紫微垣之位象征至高的权力与绝对的中心。汉代将这一体系进一步完善,演化为以三垣、二十八星宿为主干的星宿体系(按青龙、白虎、朱雀、玄武各七个星系分组)。三垣之制沿用到明清,运用在各大重要建筑的规划建设中,明清皇宫便是对照紫微垣在星空中的方位进行选址与布局的,紫禁城之名也由此而来。三垣之制,将地上建筑规划成了一座座屹立在人间的理想都城,对应着天汉银河的星象布局。将视野从浩瀚宇宙拉回地面,聚焦山水中的天地方寸之间,天地平面的对应集中贯彻了古人"天人合一"的哲学观。

一池三山

中国造园的雏形源于公元前 11 世纪的商代，最早见于文字记载的是"囿"和"台"。囿是有围墙的苑，与古代帝王豢养禽兽用于狩猎的活动直接相关。囿里广植树林、开凿沟渠水池，营造飞鸟走兽嬉戏、宛若大自然的生态景观，在逐渐园林化的同时还兼有"游"的功能。台是用土堆筑而成的方形高台，是山的象征。台最初的功能是登高以观天象，后来还用于登高远眺，观赏风景。古人在台上建造的房屋谓之榭。"美宫室""高台榭"在周代成为风尚。同时，台也逐渐园林化，在台上及周围进行绿化，形成了"苑台"。

仿照自然景色创造人工山水的造园手法始于汉代。汉武帝时期的造园家们在秦时营造的基础上，进行了新的尝试，主动改造自然。汉帝国时期的人们大胆开拓，大刀阔斧地将优美的山水融入苑囿中。名山大川、奇峰异石、奇花异草、珍禽异兽，再加上亭台楼阁和廊院，富有自然野趣，令居停其间的使用者如同置身精美的山水画卷之中。

中国古代神话中有关于"一池三山"的描述，传说在东海有蓬莱、方丈、瀛洲三座仙山，仙山上居住着仙人，与自然共生。蓬莱神话中的理想世界令秦皇汉武热衷和神往，城市建设及园林营造也深受神话意境的影响。秦始皇在兰池宫开凿兰池，引入渭水，筑蓬莱仙岛，是关于园林筑山理水有文字记载的最早范例。

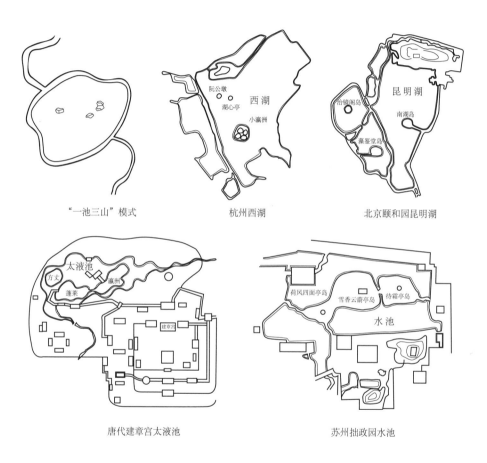

"一池三山"模式　　　　杭州西湖　　　　北京颐和园昆明湖

唐代建章宫太液池　　　　苏州拙政园水池

汉朝园囿将"一池三山"发扬光大。汉高祖刘邦于长安城的西南角建未央宫时，曾在宫中开凿沧池，池中建岛，为人造仙山的雏形。汉武帝兴建建章宫时，于建章宫西部开凿太液池，池中堆筑三座岛屿，象征东海的瀛洲、蓬莱、方丈三座仙山，开创了中国园林人工理水堆山造园手法的先河。建章宫北部以园林为主，南部以宫殿为主，它是第一座具有"一池三山"格局的皇家园林。此后，"一池三山"的布局成为皇家宫苑常用的布局方式。

清代是园林建筑集大成的时代，这些成就源于历朝历代的不断积淀。与追求理性艺术和雕塑感的西方园林规划相比，中式园林则更接近于文学和戏剧，寻幽探胜，移步异景。皇家园林颐和园看似"天然去雕饰"，但其构图的原则和组织布局方式其实延续了千年的历史脉络。园中所有的布局都在形式各异中暗含着原则：万寿山与昆明湖中的"一池三山"，延续了神话的意境与布局的美感；理水时留出成比例的大片水面，犹如绘画的留白；筑山时效法自然，意在临摹名山大川，且尽力避免人工痕迹。这种描摹自然的原则，实为创造自然的智慧。从湖面与建筑物的比例、湖中三山的布局到山上屋院的布置，都经过精心的安排，"举重若轻"的视觉美感来源于理性逻辑的考究。

"一池三山"寄托了人们对太平长生的理想境界的向往与追求，它对整个东方世界的造园模式与园林审美都影响深远。杭州西湖的小瀛洲，苏州留园的小蓬莱，拉萨罗布林卡的湖心宫，甚至日本的桂离宫内院，都是一池三山园林模式的体现。

"仁者爱山，智者乐水"，山与水是仁与智的象征。中国人寄情于山水，传统的审美情趣和吟诗作画等意识形态都体现了对山水的喜爱。"一池三山"经久不衰，延续至今，源于它既有仙境传说的美好，又有仁山智水的喜悦。这是历代传承的规划之源，也是汉宫所追寻的东方式格局。

千尺为势

中国古典园林的审美，体现在比例、尺度、造型以及远近、虚实、动静的不同组合关系中。风水学中的"形法派"对古典营造格局产生了深远的影响。"形法派"的理论核心为"形势说"，《黄帝宅经》中写道"宅以形势为身体"，"形势说"对古代建筑营造与园林设计起到决定性的影响。

"势居乎粗，形在乎细"。"势"说的是物体的气势、趋势等宏观感受，"形"则指物体的形态、形状、形式等细部微观特征。郭璞的《葬经》有云："千尺为势，百尺为形。"千尺（1000尺）折合现代尺寸为330米左右，百尺（100尺）折合现代尺寸为33米左右。而形与势之间的关系可用"势如根本，形如蕊英；英华则实固，根远则干荣"和"驻远势以环形，聚巧形而展势"这两句话来概括说明。两者互相补充、依存，密不可分。在具体的营造活动中，"势"大体可以理解为自然之大形，而"形"则可以理解为人工改造堆叠的小形。"形乘势来""形圆势满"，两者互相补充、映照，最终达到自然与人工相互呼应、天人合一的境界[1]。这种由丈（10尺）而至百尺、由百尺而至千尺的"形势说"，是以人的尺度与视角来确定的，与日本现代建筑师芦原义信的"外部模数"与"十分之一理

---

1. 林瑛，陈年丰 . 江南园林风水浅析——以寄畅园为例 [J]. 创意与设计，2017，3：50-55.

论"不谋而合。

《三辅黄图》中记载着大量汉宫苑囿的经典美学意境，恢弘的汉家宫殿虽已不复存在，但不乏形势尺度之描述。而传承至今600余年的紫禁城，作为中国乃至全世界最大、最完整的宫殿建筑群落，更是形势相成的最佳范本。紫禁城气势恢弘、磅礴，由一系列规划成序的建筑群落组成。紫禁城建筑组群的各个单体建筑规模宏大、气势磅礴，但其空间构成的基本尺度实际上也是遵循了"千尺为势，百尺为形"的原则：各单体建筑的平面尺度按"百尺为形"控制，单体建筑以23~35米为基本模数控制横纵尺寸；近观视距亦以"百尺为形"进行限定，庭院面宽、进深控制在35米以内；远观视距则控制在"千尺为势"的限界之内，单体建筑间距最大在350米左右，其间行程又遵循"千尺为势"的空间构成原则。这些尺度，即中国传统审美观中的"形势之美"，形和势的关系运用得当，比例尺度考究、精美，从而营造出了紫禁城震撼人心的气势、魄力[1]。

尺度之美以外，中国传统建筑群落的层层单体、庭院、广场等构成了一系列不同感受的空间序列，使行走其间的人在近观、远观以及移行其间时，能于形与势的转换中获得最佳视觉效果，此为中国传统审美中的"序列之美"。譬如紫禁城由南侧进入的序列是这样组织的：穿过正阳门，来到已拆除的大清

---

1. 郑毅辉. 浅谈中国古建筑的形与势 [J]. 山西建筑，2010，12：48-49.

门和清木廊，远远看见天安门，过了天安门再看端门，空间场景一点点展开。在千尺之外不会注意建筑细部，看到的是建筑群落起伏跌宕的关系。同样，从北侧的景山、东侧的王府井远观故宫，看到的也是建筑群的大气势。到大概百尺的距离，建筑屋顶的形态、建筑的造型特征成了视觉关注的重点，一些建筑的细部也凸显出来了，包括斗栱、彩画等[1]。古代园林和宫殿在序列营造方面同样充分运用了"千尺""百尺"的视觉原则来塑造园林及宫殿建筑群的形与势，变化更为丰富，时而大开大合，时而精巧灵动，必使曲折有法，前后呼应[2]。园林的行进序列由前奏、起始、主题、高潮、转折、结尾构成，形成了内容丰富多彩、整体和谐统一的连续的流动空间。

中国古典建筑和园林是理性与感性结合的产物，既有东方山水画的"平远、高远"意境，也有科学经典的比例尺度原则，拥有超越时代的美学内涵，经久不衰。

---

1. 梁思成 . 中国建筑史 [M]. 天津：百花文艺出版社，1998.
2. 钱泳 . 履园丛话（全二册）[M]. 北京：中华书局，1997.

布局

地上汉宫

"天上银河，地下汉水"，位于汉水之畔的兴汉胜境的规划也继承了古人的规划传统，展现出了宇宙视角的宏伟格局。

汉宫位于汉源湖北侧，它是汉文化的宫殿，是兴汉胜境的中心。当核心位置定下之后，园中其他建筑的布局也就依次展开，井然有序了。汉宫的主体建筑是汉文化博物馆、兴汉城市展览馆和汉乐府，这三幢建筑设立在园区中央，位置类似星象图中的紫微垣、太微垣和天市垣的方位，象征着"三垣"。"三垣"的外缘是"四象"的所在，以汉文化博物馆为中心，南侧的兴汉胜境入口对应着天空中南方七宿所在的朱雀方位，东西两侧的"蔡伦文化馆"和"诸葛智慧馆"分别对应了东方青龙、西方白虎方位，北侧隔着丝绸大道的是未来规划中的玄武片区，如此的规划结构传承了古人的规划思想。

图一（上）
古代星象天文图
图二（下）
兴汉胜境布局与星象相对应
供图：圆直设计

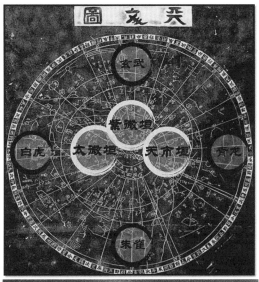

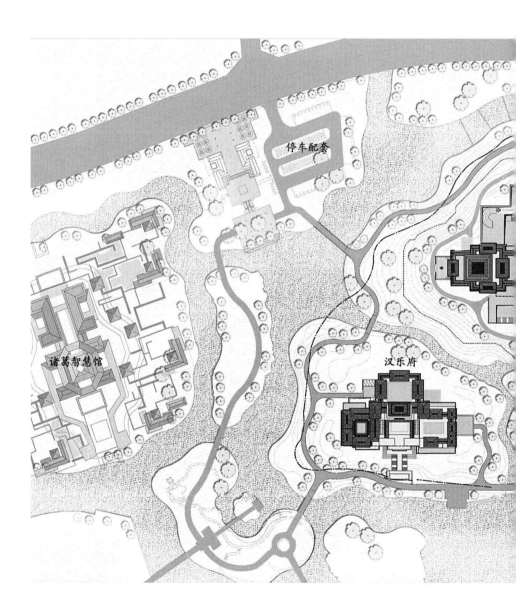

停车配套

诸葛智慧馆

汉乐府

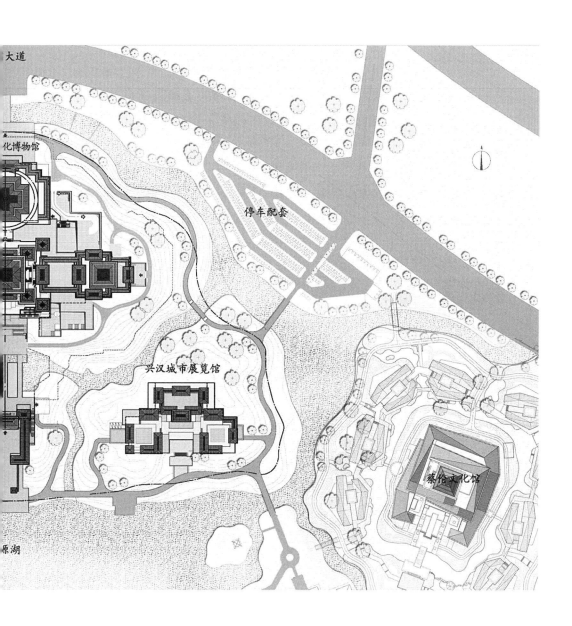

汉文化博览园总平面图

供图：圆直设计

大道

化博物馆

停车配套

兴汉城市展览馆

蔡伦文化馆

原湖

中心的汉源湖象征着宇宙，如同无垠的天空。湖中漂着五个小岛，名为金、木、水、火、土，象征天上的五颗行星。1995年，中日尼雅遗址学术考察队在新疆和田地区民丰县尼雅遗址中发现了一块织锦，锦缎上织绣了汉代的典型图案，同时有八个清晰的汉隶字——"五星出东方，利中国"。当时的五星指岁星、荧惑星、镇星、太白星和辰星，天地回转，日月流逝，五星难以聚集，然而在汉代元年，这五星却奇迹般地聚合于东方。"五星聚东方"是汉人源远流长的吉祥美好的故事，汉源湖面上也设置了金、木、水、火、土五个岛屿，来呼应这美好的寓意。

兴汉胜境在山环水绕中模仿宇宙星系的轮转，将无限的时空凝聚到汉中这片土地之上。

对应于山水的布局

汉宫是一座景观性的建筑，汉宫的立面设计将周边的山、水、树林都融入其中，作为立面的重要元素进行精心组织。汉宫的选址是立面设计的第一步，需要充分运用中国园林的传统构图手法——借景。场地内最重要的景观是北侧的秦岭山脉。这座被称为"龙之脊"的山脉，沿着中国南北方的分界线平缓绵延，引人畅想两千多年前刘邦在汉中远望秦岭之时的感慨与豪情。汉宫建筑群规划设计的主轴线将人们的目光引向秦岭，这座与汉中、汉民族、汉文化关联密切的山脉成为汉宫的背景，绵延千里的大景观配合磅礴大气的大建筑，带给人们无尽的联想与感怀。

在早期的规划中，汉宫位于兴汉胜境的最南端，距离汉中高铁站1公里左右，紧邻园区南端的朱雀大道，在城市中十分瞩目。游客走出高铁站，穿过中央大街，正对以秦岭为背景的汉宫——这似乎是一个很合理的汉宫选址方案。然而，这样的布局只有山没有水。

《说文解字》对"汉"的解释如下："汉，属水。"天汉、汉水、汉中，汉宫注定与"水"有着不解之缘。"维天有汉，监亦有光"，这幅水天辉映的唯美画面该如何体现？

经过反复斟酌，作出了一个大胆的改变——将汉宫从兴汉胜境最南端往后推。先是在园区中央，最后将建筑推到了园区最北端。而后利用原有的水系创造一个湖面，一个完整、饱满

的汉源湖，湖面的北端是气势磅礴的汉宫。建筑的背景是40公里之外的秦岭山脉，云开雾散之后，建筑很好地融入群山之中，构成了一条更为优美的天际线。湖面上是汉宫唯美的倒影与兴汉天空，水面承接着建筑，山映衬着建筑，有了山和水的加入，就有了场所的景观特征。"背山面水，负阴抱阳，四灵齐聚"，传统经典的山水格局在此绘就了一幅画卷。

　　除了"借水"外，还需"造水"。汉宫的最高点是石渠阁
的阁楼，它的名称取自西汉时期的国家图书馆——未央宫的石
渠阁。石渠阁是中国有记载的最早的图书宝库，建筑周围筑石
成渠，渠中导水围绕阁四周，以防御火灾。汉宫石渠阁之水是
兴汉胜境文化源头的象征，规划的阁楼之水顺建筑立面而下，
汇入高台脚下的汉源池，池内涌泉下行，奔向三山间的溪流，

最终汇入汉源湖之中，汉源湖水又通过河道连接整个兴汉新区，溯源而上的游客由此获得了寻觅文化之源的感受。石渠阁上悬挂着题名为"汉源"的牌匾，象征着"汉"文化的源头，汉宫之水流向汉源湖，最终汇入汉水，象征着汉文化源源不断地向外传播，滋养着汉中土地，滋养着万千中华儿女。

仙岛上的园林

除了"造水"，还要"造山"。汉宫是一方内敛的秘境，一片含蓄的东方园林。作为汉代空间哲学特色，"一池三山"的理想境界也在汉宫中通过造山得以实现。

三山的布局，自古以来有多种演艺。其中最常见的一种是将三山设于湖中央作为中心景观，绕湖游园，在行进中观赏。然而，这样的布局对于汉宫而言是不合适的：一方面，汉源湖的长宽尺度有限，难以形成对三山的包围布局；另一方面，汉宫的定位并非纯景观性的园林建筑，而是结合旅游体验功能的公共建筑群，需要容纳高大的建筑室内空间。在反复推敲中，新的布局产生了——将汉文化博物馆、兴汉城市展览馆、汉乐府这三座核心建筑落位于三山上，将建筑与园林充分结合，加之园区内绕湖环路串联的五座小岛，实现"园中有湖、湖中有岛、岛中有宫、宫中有园"的规划格局。

汉宫的造园手法效法了颐和园的点位对应关系。以游客中心为三座建筑的中心点，落位在汉源湖的中心轴线上。主体建筑汉文化博物馆向北延伸，兴汉城市展览馆和汉乐府形成两翼。通过建筑群体的统一规划，形成规划严谨、序列丰富的整体布局。三座建筑面向汉源湖而立，远山近水，古木琼楼，气象万千。

三座"仙山"是山和建筑的结合体，将自汉以来中国人对于仙境的理想植入到一个现代城市之中。建筑自然地"生

长"在岛上，而岛又为建筑增添不少神奇的色彩。建筑的入口、水下长廊、先祖堂等重要空间藏入山中，游客由室外入口进入山中，可产生别有洞天的戏剧化体验。汉宫三岛以壮丽的山势、丰富的山形、绚丽的山色和建筑点缀的山阁表现"大山"之势。在山势上，通过最低处5米、制高点60米的落差实现层峦叠嶂、起伏有致之感；丰富的山形通过融入山坳、山脊、山坡、山谷、山崖等各种山体形态来实现；通过对各种筑山材质与植物的运用如堆土、叠石、种林、植草等打造多彩

　　的山色；同时点缀景观建筑，通过体量的对比映衬出山体的
巍峨之势。

　　在平地环境中如何去营造自然山体？古人师法自然，作了
许多别具匠心的尝试，譬如苏州园林。在兴汉胜境中造山，将
山与巨大的汉宫建筑相匹配，体现出了汉代高台垒筑的建筑特
色。造山的思想与古代一脉相承，而现代的结构技术可以实现
古代园林建筑做不到的事。汉宫建筑群总面积将近 12 万平方
米，占地超 15 公顷，要建造这样规模的人工之岛、建筑之山，

既要采用园林的做法，也需采用建筑的做法。要在视觉上呈现"虽由人作，宛自天开"的效果，景观地形需仿制自然山体，采用山体阳面与阴面、缓坡与陡坡自然结合的堆坡手法，在建筑周围形成高低错落的地形，使建筑达到自然嵌植在山体中的效果。

堆土造山在技术上也极富挑战性。为了不影响建筑的稳固性，高堆土团队在结构挡土墙和建筑之间设计了结构空腔，结构空腔使建筑与周边高堆土相互脱离，能最大限度地满足主体建筑的安全性能，同时可确保主体建筑与高堆土施工的同步进行。空腔根据等高线走向进行设计，最大限度满足山体的自然效果。项目设计过程中，就结构空腔的具体范围有过多次讨论和反复修改，研究是仅围绕建筑四周设计结构空腔，还是整体山形内部均为结构空腔。这是一项复杂的决策。如果仅建筑外圈一周设置结构空腔，其余采用"高堆土"的技术手段，山体造型会比较自然，然而堆土高度和面积过大，在极端天气下有滑坡的风险。如果堆土之下均为结构空腔，滑坡的问题能得到解决，但要实现山上郁郁葱葱的自然景观效果有不小的难度。最终的空腔范围线是一个凝聚所有技术团队智慧的成果。景观团队对结构空腔上的覆土高度提出了细致的要求，使这座混凝土结构之山上不仅可以栽种普通植物，还可在重点景观区域栽种根系深长的古树名木。这种"造山育林"的特殊做法，既满足功能，又满足效果，同时最大限度地保证了安全性能，达成了多方共赢。

筑山之后是在山上建房子，汉宫建筑群不仅与山合二为一，亦与水相互交融。在汉代园林中，挖湖的土方常被利用来在水旁或水中堆筑高台。兴汉胜境效法汉代园囿，将远观高台堆筑于汉源湖北侧，静山动水，相映成趣。汉宫的建筑以阁为主要形式，在中国传统建筑中，阁指的是有四坡屋顶并在四面墙上开设窗户以采光和观景的建筑。汉宫主体为楼阁式建筑，登上蜿蜒的台阶，给人以"欲穷千里目，更上一层楼"的妙趣体验，令人联想到计成在《园冶》里提到的"眺远高台，搔首青天那可问；凭虚敞阁，举杯明月自相邀"的快意感受。汉宫建于山坡之上，树也是建筑立面的一部分。因为山坡起伏，有高有低，树冠所形成的天际线便随之蜿蜒曲折，它既是山坡的顶也是建筑的底，柔化了两者的结合部位，形成了天然的趣味。山坡上古树参天，水涧旱溪错落，随四季变化着风景，给建筑穿上了有风景的外衣。

营建磅礴之势

大风起兮云飞扬，威加海内兮归故乡，安得猛士兮守
四方！

——刘邦《大风歌》

自高祖刘邦入汉中称汉中王，历史便翻开了新的篇章。作
为汉帝国的开国皇帝，他的诗歌呈现出令人振奋的大汉气象。
汉朝，是一个如《大风歌》一般的充满了力量和斗志的大时
代。大量出土的汉朝瓦当上清晰地书写着"汉并天下"与"四
海皆臣"，无不展露出汉朝铿锵有力、气势磅礴的形象。

作为核心建筑的汉宫，如何体现如同《大风歌》一般的磅
礴气势，如何体现独有的东方审美观？气势，是个抽象的形容
词。创作的前期，设计团队不断探求如何将抽象的"气势"形
象化。通过从各类建筑、自然和历史场景中寻找灵感，这种感
觉逐渐明晰——气势其实也是一门有章法可循的学问。建筑的
比例、尺度、高度和层次等经过精心的设计与配合，能共同形
成"形乘势来""形圆势满"的建筑之势。

汉宫的设计首先通过规划来借势。秦岭是中国的"龙
脊"，为借秦岭作为建筑群的背景，对于汉宫建筑的位置、建筑的高
度和观看的视点都进行了精心的设计。规划充分利用了基地的
南北向进深，将汉宫设置在基地北部，汉源湖设于中央，从而
使沿湖周边的观赏角度都能处于汉宫与秦岭"同框"的视角

中。根据对人类活动的研究可知，人眼的中心黄斑区的敏锐视力角度为水平方向 36° 左右，以园区入口附近的金台为原点，与汉宫的水平距离约为 600 米，所以建筑群的宽度设计为 360 米，使得在金台观看汉宫的视角基本控制在 36° 左右范围内。同样，汉宫的制高点高约 60 米，使汉宫建筑群高度同观赏视距构成了 1∶10 的最佳视角关系。如今的金台成为观看汉宫的最佳观赏点，也验证了这一尺度设定的科学性。

汉宫的大气势得益于建筑群体精心的布局规划。通过平面轴线和立面几何对位关系的处理，形成中央建筑群的中轴线和两侧的两条次要轴线，次要轴线外侧又分别设置两条辅助轴线。轴线的位置设置完全对称，建筑群形体则略有变化，秩序严谨而又不显呆板。中轴线上建筑密度大，采用聚的手法，两侧轴线和辅助轴线上的建筑体量和建筑密度逐渐减小，以"渐变"式的建筑布局处理来突出中轴。轴线和网格大体形成了等腰三角形的对位关系，以此作为建筑群平面布局的外围控制网格。中轴线与次要轴线之间的距离设置同次要轴线与辅助轴线之间的距离相等。五条轴线的设置控制了整个建筑群的布局，通过两侧建筑的烘托，主轴线上核心建筑的中心感得到强化。当平面的中心点和立面的制高点在石渠阁叠加到一起时，大气势的展现也达到了高潮。

汉宫还通过一组高台建筑来"造势"，高台基与山坡的堆叠配合，增添了建筑群的气势。博物馆居中，汉乐府和兴汉城市展览馆左右对称地置于两侧，不仅烘托了主体建筑汉文化博物馆的中心感，还通过立面的高度配合形成了近似等腰三角形的天际轮廓，构成了稳定感。由中央的石渠阁到两侧的麒麟阁与天禄阁，再到汉乐府和兴汉城市展览馆，屋顶由高而低、由大而小，构成严谨的秩序，创造了完美的构图。高台上的三阁之间有飞廊连接，形成了长度超过150米的主立面，进一步加强了建筑的总体气势。

汉宫建筑的气势同样来源于园林建筑的"和谐"之美。汉宫是园林化的建筑，要实现园林建筑之美，必须既符合礼制，又不拘泥于轴线、等级的限制，自如地寻求与周围环境的和谐。汉宫建筑的布局并不采用矩形网格的轴线模式，而是运用了三角形轴网的布局方式，使建筑群呈现出下大上小的"金字塔"轮廓，最大程度地与山形相融合，呈现出东方式园林的独特气势。

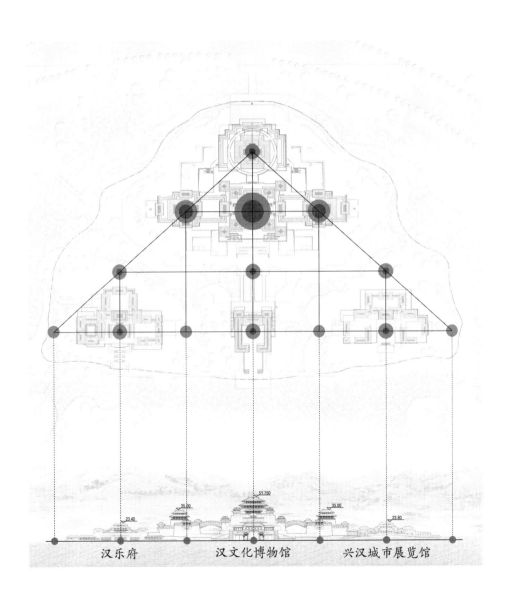

汉宫平立面几何关系
供图：圆直设计

汉乐府　　汉文化博物馆　　兴汉城市展览馆

汉宫鸟瞰图
摄影：章勇

汉宫鸟瞰图
摄影：章勇

贰·苑囿

汉宫鸟瞰图
摄影：章勇

汉宫建筑
摄影·章勇

叁

楼宇

　　中国建筑在世界建筑体系中是较为独特的一支。中国人用土和木来表达建筑的概念，西方人则利用石头建造他们的家园。雨果曾经用"一部用石头写成的历史"来描写西方的建筑发展，那么中国人也与木材这种具有生命、充满灵性的材料有着几千年的不解之缘，并且形成了中国建筑的特征与审美。

　　汉宫建筑的设计为我们提供了一次审视中国建筑美的机会。中国传统建筑究竟有何特点，美在哪里？一方面，中国传统建筑的美存在于它独特的形态特征之中。建筑学家梁思成总结了中国古建筑的特点，包括：房屋一般由下部台基、中间房屋本身和上部屋顶组成；以木结构梁柱作为主要结构体系，具有斗栱等独特的结构构件；通过梁架举折形成弯曲屋面等。在中国传统建筑发展史上，汉代建筑尚未完全发展成熟，但建筑形制粗犷雄健，较之后几个朝代的建筑在美感方面独树一帜。如何去欣赏汉代建筑的形与神，去感受它的思想与格调，继而运用到汉宫的设计之中？

另一方面，中国传统建筑的美也存在于它的空间组织之中。古代大型建筑一般以若干建筑物围合庭院，形成基础的建筑布局，再由若干个院落左右延伸，组成空间网格序列。一个院落单元称一进，院落沿轴线组合，多条轴线又形成了多路空间，每一进、每一路之间通过对比和协调形成特定的礼制关系等。中国传统建筑空间的独特感受正是通过一路一路、一进一进之间的空间转换，在移步换景中体现出来的。

汉宫是一组纯粹的现代建筑，运用现代的建筑材料、设计标准和施工技术来建造。汉宫建筑的室内功能十分多元，有剧场、展厅、会议厅、宴会厅、游客服务中心等。这与中国古代建筑以单层房屋为主的封闭式院落布置、每栋建筑的功能相对单一的传统并不相同。所以，汉宫需要在体现中国建筑的空间特色的同时实现新的使用功能，通过建筑形态和空间两方面的创新，使这座承载汉文化的建筑融入当代生活，具有旺盛的生命力。

汉时宫阙

宫殿案例的启发

汉宫是一座体现汉文化的艺术宫殿，创作汉宫从研究中国宫殿建筑开始。宫殿是古代帝王建造的最隆重、最宏大、最高级别的建筑物，集中体现了古代人民在建筑技术和建筑艺术方面的创造力，代表了一个历史时期建筑文化的最高水平。西汉名相萧何有言：“非壮丽无以重威。”汉代宫殿建筑贯彻了重威思想与对壮丽之美的追求。汉武帝时扩建的上林苑，规模之大，前所未有。汉朝的大型宫殿中，最具代表性的是西汉之初建造的“三宫”：长乐宫、未央宫、建章宫。

长乐宫由秦朝的兴乐宫修葺扩建而成，高祖之后为太后居所，意为“长久快乐”。长乐宫总面积约 6 平方公里，周长约10000 米，城墙厚度约有 20 米，相当于约八个故宫大小。不仅宫室众多，还有多处秀美的池苑、静谧的台榭和壮观的楼阁，集“皇宫、游玩、园林、美景”于一体。建章宫为中轴布局，正门圆阙、玉堂、建章前殿和天梁宫居于中轴线上，其他宫室分布左右，围以阁道，并于后花园营造一池三山园林景观。未央宫是当时长安城中最高大的宫殿，面积约 5 平方公里。西汉时期对文化十分重视，未央宫宫城内设有不少文化类建筑，大多用于存放图书、档案及开展学术活动等。除了国家藏书阁——石渠阁之外，还设有天禄阁、麒麟阁两座国家级文化建筑，并称"三阁"。天禄阁是文史档案阁，存放国家文史档案和重要图书典籍。西汉时期的汉朝宗室大臣、文学家刘向于天禄阁整理典籍，著书立说，编撰了中国第一部图书分类目录《别录》，开启了我国目录学的先河。麒麟阁是汉朝用于纪念功臣的楼阁，因汉武帝元狩年间打猎获得麒麟而得名，主要用于收藏历代记载资料和秘密历史文件。阁内墙面绘满麒麟及大量西汉功臣画像，用于表彰和供奉具有卓越的功勋或最高荣誉的功臣。据《三辅黄图》和《汉宫阙疏》等记载，西汉未央宫三阁均为萧何所建造。

随着时代的变迁，这些汉代的宫殿建筑成了汉文化和艺术的象征，对于这些宫殿建筑的研究成为汉宫构思的基础。

汉代之后，宫殿建筑的经典案例层出不穷，目前仍保存完好的北京故宫、西藏布达拉宫等宫殿建筑给予汉宫的创作以很大的启发。北京故宫是中国宫殿的代表，也是世界上最大的宫殿建筑群，内有大小宫殿 70 余座，组合在院墙构成的一进进庭院内。中轴线上秩序突出，由天安门、端门、午门构成入口，太和殿、中和殿、保和殿构成高潮，再由乾清门过渡到乾清宫，最后以御花园结尾，院落间起承转合，一气贯通。大大小小的庭院相互关联、嵌套，以高墙围起的一座座覆盖着大屋顶的宫殿构成了故宫最令人印象深刻的视觉形象。院墙上的门户也规划得当，如故宫的正门午门，平面呈凹字形，是由汉代门阙演变而成。东、西、北三个方向为东华门、西华门、神武门，正对轴线，秩序井然。北京明清故宫可以说是中国宫殿类建筑的集大成者，其形成历时三代，在元朝宫殿的基础上，通过明清两朝的逐渐完善，成为现存规模最大的宫殿。在设计的规制上，继承了周朝的宫殿建造制度，并且深受汉唐宋元各个主要朝代宫殿的影响。其中轴线突出、东西对称的布局方式，大小院落的运用与丰富的空间变化，严格按等级确定的建筑位置和尺度形式，富丽的装饰和色彩等方面，都达到了中国宫殿建筑设计的最高成就。

布达拉宫地处中国西藏地区，位于拉萨西北部玛布日山上，始建于公元7世纪，于17世纪重建，是一座"山的宫殿"。由于建于山冈之上，立于如削的石壁上，仿佛与山体完全融为一体。布达拉宫宫宇叠砌，迂回曲折，其非凡的气势通过建筑与山的完美结合来体现，成为西藏和藏文化的代表。布达拉宫由白宫和红宫组成，在色彩上形成了鲜明的对比。红宫上又建有金殿三座和金塔五座，层次分明，建筑形式上既保留了藏族建筑的传统手法，又使用了汉族建筑的若干形式。建筑内部装饰上采用大量壁画、塑像、唐卡以及金银饰品，使布达拉宫成为名副其实的艺术宝库。布达拉宫与汉地的建筑有较大的区别，兼具宫殿和寺庙的作用。建筑与山体的结合、大小建筑和室内空间的结合、色彩的运用等方面达到了完美的效果，是建筑与自然之间、地域文化之间相融合而创造出的建筑艺术的杰作。

除古代宫殿建筑之外，广州的中山纪念堂是一个优秀的近代"宫殿式"建筑案例。项目位于广州市越秀区，是广州人民和海外华侨为纪念孙中山先生集资兴建的，1931年建成，由著名建筑师吕彦直先生设计，是一座八角形建筑，外形庄严雄伟，具有浓厚的民族特色。建筑采用钢结构和钢筋混凝土结构，屋顶设计舍弃了中国传统屋面结构，以西式剪力墙钢桁架结构形成大跨度的屋面。厅堂建筑面积约3700平方米，高49米，四面为四个重檐歇山抱厦，烘托中央的八角攒尖式顶。建筑功能为大型集会和重要的演出场所，主要室内空间是一个近似圆形的大会堂，直径71米，分上下两层，共有座位4700多个，如同一座巨大的八角形亭子，由四根大柱子支撑起四个大跨度的钢桁架，又通过八个屋顶桁架支撑起八角攒尖式顶。中山纪念堂是中国传统建筑形式用于大体量的会堂建筑的大胆而成功的作品，吸收了中国传统建筑的优秀元素，从整体形态到细部装饰，均体现出了中国优秀建筑的独特的艺术美感。中山纪念堂是一座宫殿式的近代单体建筑，在当时希望体现中华民族精神的背景下进行了建筑实践，将东、西方建筑的形式与古代中国建筑传统风貌相结合，并采用当代建筑技术以满足大会堂的使用功能，使这些看似很棘手的矛盾得到了非常好的处理，成为近代"中国宫殿"建筑的一个范例。

对于中国宫殿的系统研究使汉宫设计获得了许多启发，从汉代"三宫"的"一池三山"和"三阁"、故宫的院落、布达拉宫的宫与山一体到中山纪念堂的现代技术与传统形式结合，都在汉宫的设计中有所借鉴。

汉建筑的语汇

汉宫建筑的形态设计是基于对汉代建筑语汇的研究。由于年代久远，至今没有发现一座汉代木构建筑遗存。通过对发掘出的汉代墓阙、斗栱以及宫殿遗迹中的高台、石柱等的研究，能够推测出汉代木构建筑的真实尺度；汉代画像砖、画像石和明器的图案，对建筑的形象、室内布置以及建筑组群布局等方面作出了一些具体形象的补充。再加上古籍中的文字记载，使人们对汉代建筑的风貌有了较深入的了解。汉朝时期的中国在秦朝疆域的基础上进一步开疆拓土，同时汉代建筑风格也为后继朝代建筑的发展奠定了基础。

汉代建筑有其鲜明的特征，阙、楼阁和阁道等尤为突出。阙是两汉时期具有代表性的建筑类型，是指建在通往建筑群的道路两侧左右对称的建筑物，是目前唯一存留的汉代建筑形式，现今存世的有29处，被称为汉代建筑的"活化石"。阙的雏形是古代城门豁口两侧的岗楼，通常成对设置在入口两旁，中间留出道路。汉代是建阙的盛期，都城、宫殿、陵墓、祠庙、衙署、贵邸以及有一定地位的官民的墓地，都可按等级建阙。汉代楼阁等高层建筑随着木构技术的进步得到迅速发展。独立式塔楼一般3~7层不等，每层用斗栱承托腰檐，其上置平坐，将楼划分为数层。阁道为下部架空的空中交通通道，主要用于各个建筑之间的水平连接。简易的阁道是仅具有勾栏，没有墙垣及屋顶的桥状木质构筑物。宫廷建筑中的飞阁在构造上复杂许多，加以屋顶和护栏，以便于宫中人众的来往，具有造型优美的特点。

汉代时期，中国古建筑的大量通用元素已经形成，如台基、墙身和屋顶等。由于处在建筑发展的较早阶段，各类构件都呈现出了区别于后代建筑的独有特点。西汉流行的高台建筑，其建筑台基早年高达几十米，后逐渐降低，至东汉时期，高台建筑的台基降低了许多，一般约为屋身的1/5。台基用于承托建筑物，起到防潮、防腐的作用，同时形态上可弥补中国古建筑单体不甚高大雄伟的欠缺。汉代的台基主体多为敦实的夯土台（间或辅以承重的夯土墙），墙内无专为承重用的木柱，而是围绕夯土墙内外加壁柱。外墙身只起到围护作用，一般用版筑夯土或以土坯垒成，呈上狭下宽的收分式。外墙没有过多的装饰，多用白色石灰质材料粉刷，加壁带。汉代屋顶的类型已非常丰富——庑殿、悬山、屯顶、攒尖、歇山都已采用，以悬山顶和庑殿顶应用最为普遍。屋顶形态舒展而优美，坡度平缓，屋面很少"反宇"，檐口和屋脊多呈直线，只在脊的末端微微翘起。屋脊端部有雕刻装饰，正脊中央以凤鸟或者简单的几何形体装饰。汉代屋顶瓦当有筒瓦和板瓦，瓦当纹饰多样，有几何纹、动物纹、文字纹等。

汉代木构建筑的支撑体系主要由斗栱、柱、梁构成。斗栱作为外檐柱头上面的一种悬挑构件，传递屋面或楼面荷载到柱头。与此同时，斗栱又是极具装饰效果的构件，可协调屋顶

与屋身之间的关系[1]。汉代的斗栱尺度粗壮硕大，以结构作用为主，并且样式繁多，说明斗栱还没进入制度化或等级化的阶段。中国早期建筑中曾出现过与斗栱并列的斜撑承檐系统，但是在汉代，斗栱的产生和发展逐步代替了比较原始的斜撑，斗栱从多样化逐步定型化。在这一过渡时期出现了一种特殊的斗栱形式——插栱，从柱身上挑出半截栱臂，是汉代建筑最具识别性的特征构件之一。在汉代，柱子的构造基本确立。柱头上有斗栱，柱身截面形状主要是方形和八角形，唐宋后圆柱才渐渐普及起来。屋梁的概念开始出现，梁架设在柱与柱之间，并使用了加强结构整体性的枋材。

　　窗和门是立面的重要组成。古代的窗，开设在墙上的叫牖，在屋顶上的叫囱。牖是象形字，形容在墙壁上用木头横直交错，十分形象。汉代窗牖的形态在一些陶制的明器上有所反映。门与户在古语中是有区别的，门指外门，古字形像两扇对开的大门；户的古字形像一扇单门，指房屋的内门。汉代门一般都有铜铺首作为装饰，未见门钉。窗通常为矩形和方形，窗棂有直棂、卧棂、斜方格及锁纹等，并装饰以黑色、红色、黄色的颜料[2]。

1. 周学鹰《汉代建筑大木作技术特征》
2. 林司悦《论汉代色彩审美的形成》

形态

形的萃取与创新

汉宫的建筑语言是什么？文化建筑，向来是在历史中寻找根源。汉宫最理想的溯源当然是找到汉代建筑原型加以继承和发展。然而，汉王朝距今太过遥远，两千多年的风沙与战乱几乎磨灭了所有的建筑痕迹。夯土与木材建造成的建筑无法抵挡时间的磨损，除了些许砖石结构的汉阙及墓葬幸存之外，汉代建筑的真实案例无处可寻。因此，汉宫形态设计主要运用了以下三种方法进行再创作：

第一种方法是通过建筑来讲述史书文献里的传说、故事。对汉代建筑的研究很大程度上是通过研究各类文献来开展的，对于仅存文字记载而无建筑实例的素材，运用到设计中时需要将"故事"转化成"形象"。比如建章宫的"一池三山"，是中国人两千多年来一直存有的对于仙境的幻想，历朝历代都试图通过园林建筑来表现。在汉宫建筑的设计中，"一池三山"的意境通过三组建筑与三座山体表现了出来。又如传说中由萧何主持建造的未央宫"三阁"——石渠阁、天禄阁和麒麟阁，基于文献的描述记载，汉宫中将三阁作为汉代文化的象征来重点表现，将其刻画成了汉宫形态的主体。

第二种方法是对各类汉建筑相关的形象资料进行演艺，通过建筑语言转化成为汉宫形态的有机组成。出土的汉代陶俑、壁画上存在一些关于建筑的描绘，依稀可见当年高台垒筑、廊苑楼阁的胜景，可为建筑创作提供一些基础蓝本。譬如飞阁的形象在汉代画像砖等绘画中都有所表现，汉宫便将此元素通过重新塑造运用到设计中，与主体建筑结合起来。然而，艺术创作大多经过抽象简化与艺术加工，取其意而化其形，绘画中的建筑物大多比例尺度失真，细节做法更不可考，因此汉宫在进行建筑演艺时，需要根据传统建筑的营造规则和当代建筑的构建特点进行再创造。

第三种方法是借鉴现有的古建筑的形式进行推演转化。有一些现存古建筑的建造年代虽然与汉代建筑相隔较远，但依然具有参考价值。通过实例的研究，便有了创造形态的基础蓝本。中西方古建筑的发展，大体都遵循了萌芽、发展、兴盛和衰落的过程。越是后期的建筑，形制越成熟，构件纤巧，装饰繁复，建筑的气质趋于细腻和华贵。而早期的建筑，由于形制未固定，结构受力设计不成熟，因而构件粗壮，装饰朴拙，形成了大气雄浑与自由刚健的建筑气质。现存古建筑上存留的一些形制发展的逻辑线索，站在其演变脉络上往前倒推，可以大体描摹出汉代建筑的面貌。

　　同样值得关注的是周边具有木建筑传统的亚洲国家的建筑。如在唐代建筑研究中，日本现存的唐代建筑就具有重要的参考价值。在寻找汉代古建筑形式的过程中，喜马拉雅山麓的佛教建筑走进了我们的视野。在尼泊尔加德满都河谷老城中，存留了为数众多的佛教古建筑，其中最典型的是被称为"纽瓦丽"的塔式建筑。"纽瓦丽"式建筑主体为木结构的多层建筑，基座为砖石结构。屋顶一般为多层重檐，宽檐斜顶，四面对称。每层塔身都环绕有出挑深远的直线形四坡屋顶，屋顶向上逐层缩小，檐口不起翘，以雕饰华丽的斜撑构件来支撑巨大的出挑屋面[1]。将"纽瓦丽"式建筑与中国汉代流传下来的明器陶楼、砖石画像、石阙等进行比较观察时，可以发现二者有很多的相似之处。尼泊尔建筑的直线坡顶古拙原始，出檐深远的屋顶引出了承檐挑檩的斜撑系统，这种较原始的承檐结构与四川汉代画像砖上的直线坡顶建筑如出一辙，且在今四川民居中可见其遗风。考虑到尼泊尔与中国深厚的历史渊源以及宗教传播的密切交流，不少学者认为，"纽瓦丽"风格建筑受到了汉家文明的影响。这些异域建筑与中国早期建筑屋宇承檐系统中的构件的相似性，可作为研究汉代建筑形制的重要参考[2]。

---

1. 舒婷. 尼泊尔传统建筑的地域性探析 [J]. 住区，2016（5）：146-151.
2. 殷勇，孙晓鹏. 尼泊尔传统建筑与中国早期建筑之比较——以屋顶形态及其承托结构特征为主要比较对象 [J]. 四川建筑，2010（2）：40-42.

　　除了对于形态的萃取之外，还有对于建筑气质的演艺。汉代建筑多建于高台之上，气势雄健，因此，汉宫在创作的过程中将建筑与高台共同形成的气势作为设计的重点。为使下部台基与上部的主体建筑浑然一体，汉宫的设计中借鉴了布达拉宫的"之"字形台阶等元素，从形态出发，但不拘泥，以意为先地表达了对汉建筑的理解。在如何将现代的结构体系与传统建筑形态结合方面，广州的中山纪念堂是很好的借鉴实例。纪念堂建筑自然地在大会堂空间之上托起了四个重檐抱厦与中央的八角攒尖式屋顶，将中国建筑的古典气质萃取出来，并结合新功能创造出了古今一体的建筑形态。汉宫的屋顶形态设计深受其启发。

　　古今中外的图文资料和建筑案例扩宽了设计的眼界。在博采众长、反复尝试与创新后，汉宫的形象渐渐于秦岭巴山之间浮现出来。

汉乐府

汉文化博览园南立面图

供图：圆直设计

围大道

文化博物馆

炎汉城市展览馆

原湖

汉宫建筑模型
供图：圆直设计

高台雅筑

汉宫的形态由博物馆、规划馆与汉乐府三组建筑组合而成。以博物馆入口广场为中心点，博物馆向北延伸，规划馆和汉乐府形成东西两翼。

汉宫建筑形体构成借鉴汉式高台建筑的基台、墙身、屋顶等元素特点，提炼出阙、殿、台、楼、阁、廊、院墙等中国传统建筑要素，运用现代的设计手段进行了全新的演艺。

汉宫的中央大道设计以阙为始，阙的造型构成包含了台基、阙身、阙楼和屋顶四部分。阙的形态如同对汉建筑进行了夸张和抽象化的处理，使其具备了精神性的气质。两阙之间的中央大道长40多米，将人们引向博物馆的主入口。大道两侧竖有大理石的石墙，分左右书写了"天地与立，积健为雄"和"长风万里，进德无疆"16个大字。

殿，是汉宫中功能和形象较为突出的建筑。由于汉宫的设计希望建筑融合于山水之间，以呈现景观建筑的特征，所以将殿设置于较低的位置，与高耸的三阁共同形成严谨而完整的立面构图。汉宫的殿堂分布于建筑的东西南北四端，分别为东西两侧的城展馆、汉乐府主体建筑，南侧的博物馆主入口大厅和北侧的汉文化大会堂。汉文化大会堂是个平面呈圆形的殿堂，其他三殿平面为矩形。殿与阁的屋顶共同构成了汉宫这一幅山水长卷中的建筑控制点。

图一（上）
汉宫之阙
摄影：雷一忙
图二（下）
汉宫之字形台阶
摄影：钱健

基台，位于汉宫各个建筑的底部，采用斜墙的处理方式，从视觉上增强了整体建筑的雄壮和高耸感。同时，斜墙部分极少开窗，保证了整个基台部分的厚重感。汉代的台基的主体为敦实的夯土台，汉宫的高台外观遵循汉代建筑传统，内部却不是单纯的结构体系，而是另有乾坤，将先祖堂、先圣堂、先贤堂等高大空间藏于其中。

三阁，建于高台之上，中间为石渠阁，东、西两侧为麒麟阁和天禄阁。在汉宫建筑群中，以七柱跨的石渠阁为三阁的主体，体量设计略大于另外两阁，并在两侧加以角楼进行衬托。麒麟阁和天禄阁为五柱跨，三阁主从有序，形式上又遥相呼应。

飞廊又称阁道，连接三座阁楼的汉宫飞廊是重要的形态标志，提升建筑群体气势的同时，凌空飞渡的廊道又为建筑增添了灵动和活跃的色彩。汉宫共有四座飞廊，每道廊桥的跨度约 30 米。飞廊将汉宫建筑连成了绵延 150 米的整体，凌空的飞廊之下，远山隐约可见，建筑更显卓尔不群、气宇轩昂的气度。

汉宫的墙体分两类，一类是建筑基座的组成部分，另一类就是院墙。中国宫殿的主要殿堂常被层层院墙包围，深藏于院落的中心位置，从外部并不能一窥全貌，所以院墙往往是外部立面最重要的组成。院墙配合墙上的门楼、角楼以及远处殿和阁的屋顶，构成了完整的对外形态。汉宫同样充分利用墙体来塑造形象，院墙围合成一方又一方的院落，高大的墙体在山坡

上连绵起伏，将所有的阙、殿、台、楼、阁、廊连接起来，形成了一个整体。

在建筑形体组织方面，通过视线分析，对组成汉宫的所有建筑体块进行了有序的梳理。结合空间关系，在场地的各个方位进行视线模拟以及主要视觉层次分析后，将建筑高度按梯度及空间比例进行分布，从而在强调核心建筑的同时形成丰富错落的天际线关系。通过建筑群体的序列营造、高台建筑的特征体现，加上装饰元素的艺术表达，汉宫呈现出了汉代建筑的独特气象。

立面的三分构成

汉宫建筑中，殿、台、楼、阁、廊的数量和样式众多，每一个单体建筑都有其不同的立面构成方式。这些单体立面形式之间既需要归纳、梳理，形成规则以使建筑之间统一和谐，又需要根据其所处的位置和功能加以区分，使之主从有序，符合礼制。北宋喻皓在《木经》一书中称建筑有"三分"："自梁以上为上分，地以上为中分，阶为下分。"汉宫建筑从外观上看也有"三分"：上分的屋顶、檐口；中分的柱、墙身和斗栱；下分的基座和高台。

上分主要为屋顶。汉宫有多种屋顶样式。主体建筑石渠阁采用了重檐盝顶形式，盝顶的特点是顶部是平的，由四条正脊围成平顶，下接庑殿顶。盝顶的四角设计了角楼，南北两侧入口有挑檐，在视觉上形成了一个整体的组合型屋顶。汉文化大会堂是圆形的平面，屋顶设计成重檐的十字形屋顶，使屋顶的形式与下方的建筑平面匹配，同时又能呈现楼阁式建筑的视觉特点。屋顶均采用钢筋混凝土屋面，上面铺设金属瓦，并在屋脊上使用金属构件进行装饰。

中分包括墙身、柱、门窗、斗栱等。墙身根据立面效果的需要，分为底部石材墙身和上部木饰墙身（部分为金属仿木）。底部的墙身材料与基台相同，厚重粗犷，与门扇、门洞的装饰处理形成对比。上部木饰墙身更趋通透，强调室内外的对话，并通过柔和的光线及阴影关系，强调了立面光影效果的表达。

图一（上）
汉宫的「中分」细部
摄影：章勇
图二（下）
汉宫基座
摄影：章勇

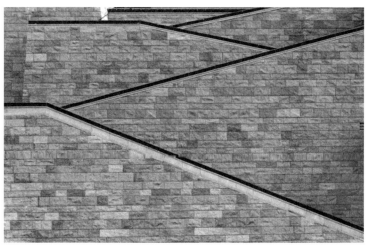

木饰墙身上运用了大量装饰元素，与下部墙身相比更显精美，将视觉与艺术充分融合。

为了突出汉代的特征，汉宫建筑的柱形大多为方柱，多以混凝土浇筑，表面用木材与石材加以装饰。如入口广场的廊柱采用石柱样式，由石质柱础、整片的干挂石材柱身和上部的木质斗栱构成。楼阁部分的柱子截面近似八角形，表面仿木效果的铝板为主要饰面材料，并在柱身局部点缀铜饰。

汉宫的门窗、斗栱和栏杆等也以汉代样式为蓝本。窗采用直棂窗，直棂窗是在窗框内等距离地安置几根直的木栅，直棂条数为奇数。如果窗户的大棂条过长，便在棂条中间横向加上"承棂串"，内外与棂条齐平。外门采用双扇样式，作为建筑各区域的主要出入口，门的尺寸需要与该区域的功能和身份相匹配。由南至北的中轴线上设置了一系列的大门，一道接着一道，从入口广场的阙门、博物馆入口大门、汉文化环廊大门到石渠阁大门、汉文化大会堂大门等，各道门均从外观、规格、材料、装饰等方面进行了规划、区分，以突出建筑的礼制。汉宫的斗栱部位的形态设计源自汉代特有的、装饰性很强的插栱，在借鉴传统形态的同时也进行了艺术化的再创造。栏杆在古代称为阑干或勾阑，汉代的栏杆形式有直棂式、卧棂式、华版式和斗子蜀柱式等。汉宫的栏杆设计遵从了汉代栏杆风貌，采用了直棂式和卧棂式两种形式，以仿木铝材为主要用材。

下分为基座和高台。为了展现汉代高台建筑的特点，汉宫的主要建筑都建在基台之上。位于东西两侧的城展馆和汉乐府的基台高度大致为 6 米，中部博物馆两侧的天禄阁和麒麟阁的基台高度达到 22 米，而中央的石渠阁的基台更是由好几层台基堆叠而成，高度达到了 36 米。通过中部高起，向东、西两侧跌落的基台高差处理，建筑整体呈现出主次分明、高低有序的三角形构图。高台的立面采用石材干挂的现代建筑的做法，以石材基台的稳重形象，传递永恒的美感。

　　汉宫的立面构成设计既具有历史传承，又体现现代创意。每个细节都力图呈现汉代的文化风格，以古今设计语言、新旧材料的碰撞与融合，来展现当代背景下汉风建筑的独特风貌。

汉宫立面局部
摄影：钱健

汉宫立面层次
摄影：钱健

装饰的繁与简

一池三山之上的汉宫建筑，是兴汉胜境精神和文化上的制高点。为了匹配这绝对核心的地位，汉宫必须拥有足够的份量，才能成为场域中的主角。这其中建筑装饰具有不可替代的作用。

分析中国的故宫、天坛祈年殿、布达拉宫，印度的泰姬陵，西班牙的阿尔罕布拉宫……这些建筑美在何处，因何动人？精美的建筑装饰是东西方宫殿共同的特征。建筑装饰是艺术性和文化性的重要载体，带来跨越时空的精神体验。然而，此类装饰丰富的宫殿大多是工业革命之前的建筑了，一栋现代建筑能否与属于手工时代的建筑装饰相结合以展现汉文化建筑的风采？汉宫应该如何进行符合其身份的装饰呈现？

汉宫的装饰设计遵从了中国传统建筑的规则。传统建筑中所谓的繁复的装饰其实有规律可循，而中国建筑之美在某种程度上也正是在其装饰的繁与简之间得到体现的。中式建筑装饰并不是满铺整个建筑，而是有所侧重、详略得当的。常见手法是对结构性的建筑构件进行艺术化处理，以达到装饰性的效果。以此为据，汉宫的装饰主要集中体现在一些结构构件上。譬如入口庭院廊道的石质方柱，在柱础、柱头的上端和下端有花纹图样的装饰。这样的设计，一方面对柱子两端进行收头处理，美化了柱子的立面比例；另一方面也巧妙地对柱身的石材

图一（上）
汉代瓦当
摄影：潘赛男
图二（下）
汉乐府椽头纹样
摄影：雷一牤

进行划分，把拼接的痕迹隐藏在花纹的凹缝内，使柱身石材的块面分割尺寸减小到利于施工的尺寸。

汉宫的装饰还着重体现了汉代建筑的特色。瓦当是建筑筒瓦顶端的下垂构件，汉代建筑中的瓦当是一个非常独特的装饰部位，素有"秦砖汉瓦"的美称。汉代工匠在瓦当部位创造出了丰富多彩的图案，比如瓦当上的青龙、白虎、朱雀、玄武四神图以及"长乐""未央"等文字瓦当。汉宫沿用了文字瓦当的装饰手法，在建筑椽头部位使用篆体的文字进行装饰，博物馆使用了"汉"字，城展馆和汉乐府分别使用了"览"和"乐"字。汉中的地方特色也作为装饰主题呈现在汉宫建筑上，如汉中四宝——朱鹮、大熊猫、金丝猴和羚牛的主题就通过汉代风格的艺术化处理，运用于城展馆的石材外立面上。

与此同时，汉宫装饰力求使用新的材料来呈现，以体现时代特征。最具代表性的是汉宫的斗栱装饰，图形感强烈、装饰细腻的斗栱具有汉代木构建筑的鲜明特征，而所使用的材料是十分现代的铝型材定制件，以实现更大的尺度、更好的耐久性与更便利的施工。精雕细琢的现代建筑装饰将汉宫的形象一笔一划地勾勒出来。

图一（上）
汉中四宝纹样设计图
供图：冷咏
图二（下）
城展馆墙上的汉中四宝石刻
供图：汉文投

空间

移步换景

汉源湖畔，汉宫依水临风，将"长乐美园""建章制式""未央华丽"与景观、建筑、室内结合进行表达。汉文化博物馆平面呈十字格局，南北向形成纵深轴线序列，分布着游客中心、水下长廊等一系列接待引导的序列空间；东西向水平舒展，分布着先祖堂、先圣堂和先贤堂三个主要展览殿堂，其间穿插布局三处环廊，将殿堂相互连接。各区域设置了独立入口，在流线设计上充分考虑游客的进入体验，采用曲折盘升的环形游览组织方式，地下和地上、室内和室外流线交织，以丰富的层次和戏剧感的空间营造独特的游览体验。

游客的参观由汉宫南侧的入口广场开始。古籍记载，建章宫东门外有双阙，阙上设有两只镏金铜凤凰，展翅欲飞。汉源湖边开阔的青石广场上也设有标志性的双阙，双阙东西排列，引导游客由南而北开启一段激荡、磅礴的汉文化之旅。步行而

上，来到游客中心入口庭院。院落外廊环布，既作为游客排队
等候进入的场所，符合全天候的游览需要，又在空间上强调了
入口广场的礼仪性。

　　接待大厅是整个建筑序列的第一幕，功能是博物馆的游客
服务中心。当建筑的大门徐徐打开，迎面便是这座方形的厅
堂。厅的尽头面对两扇装饰的铜门，这两扇门是汉文化博物馆
入口的界定，进入大门，汉宫之旅才真正开启。在铜门上绘制
故事性画面的手法在西方十分常见，文艺复兴的代表作之一便

是被米开朗琪罗称为"天堂之门"的佛罗伦萨洗礼堂的铜门。汉文化博物馆入口的铜门被称为"汉礼大门"，门上施以铜雕，将汉代的历史概括为八幅精美的画卷，讲述了两汉三国的历史变迁。

由接待大厅往里，进入一个廊道空间，由于顶部是名为汉源池的室外水池，所以称为水下长廊。廊道设计成一条线性延伸的柱廊空间，南北纵向37.5米长，两侧设有水幕，通过投影可展现明修栈道、暗度陈仓等汉朝创立的经典历史场景，承

载了厘清汉中、汉朝、汉文化的关系，讲述汉朝源起的作用。壮阔的历史故事引起怀古幽思，在行进的过程中，游客的情绪也在逐步酝酿。

水下长廊的端部是先祖堂的序厅，游客由此进入博物馆的核心空间——先祖堂。高达 46 米的八角形厅堂气势恢宏，中央厅堂面积达 2050 平方米，在经过幽暗的长廊后进入先祖堂的一霎那，"先抑后扬"的巨大的空间尺度对比带来宏大的空间感受。先祖堂内供奉自汉代向前追溯的历代开明君主，以巨型群组雕塑讲述从炎帝、黄帝创立华夏民族到刘邦、刘秀及刘备建立大汉王朝，中华民族的主干逐步成型的沧桑过往。精美的华构、高耸的殿堂，将古老的大汉文化主题融入在内，创造出全新的空间体验。

先圣堂和先贤堂是两个对称的展厅空间，分别位于先祖堂的西侧与东侧。厅堂面积各约 780 平方米，空间的长、宽、高比例接近 1：2：1。先圣堂供奉着老子、庄子、孔子、孟子、韩非子、墨子、孙子、荀子等先秦时期的八位思想家，是一方人文荟萃、群星璀璨、百家争鸣、智慧如海的艺术空间。先秦时期是中国古代思想史的一个高峰，对于汉代影响巨大。西汉时董仲舒罢黜百家，独尊儒术，孔子、孟子和荀子的思想由此开始成为历代思想的主流。同时，汉代道家的老庄之学也不断发展，在汉中创立的五斗米教就是早期道教的主要门派。而韩非子的法家，墨子的墨家，孙子的兵家等都成为汉人思想宝库的重要组成。

先贤堂采用六大壁龛来营造格局，以三贤创汉、三贤兴汉为总体脉络，将张良、萧何、韩信、蔡伦、张骞、诸葛亮作为汉家六大贤才，供奉于先贤堂内。辅佐刘邦的张良、萧何、韩信分别被刘邦称为运筹帷幄、治国理政、统率千军的人杰，为汉王朝的建立立下了不世之功。汉中有著名的张良庙、萧何兴修的水利工程山河堰遗迹以及韩信登坛拜将的拜将台，汉中是他们成就功业的出发之地。蔡伦是中国四大发明之一的纸的公认发明者，他被封为龙亭侯，"龙亭"为汉中地名，也是蔡伦墓所在之处。张骞是汉中城固县人，丝绸之路的开拓者，丝绸之路开辟了经济和文化交流的大通道，至今仍然发挥着巨大的作用。诸葛亮的墓在汉中的定军山，他作为蜀汉宰相辅佐了两代君主，是中国人智慧的象征，更是"鞠躬尽瘁，死而后已"的贤臣的代表。一贤一事，一龛一境，最大程度地利用六大壁龛的格局优势，通过定格打造的方式，活化人物历史典故，截取一个个动态瞬间，营造一幕幕活态历史场景。厅堂以白色色调为基础展示庄严，甫一踏入，就能沉浸其中。

三汉雄风廊与中华先贤廊对称分布于先祖堂两侧，串联起先祖堂与先圣堂、先贤堂之间的游览路径。由先祖堂向西，经过三汉雄风廊雄伟的阶梯长廊向上攀登，可抵达先圣堂；游毕先圣堂，沿着三汉雄风廊的阶梯继续向东上行，便来到了先祖堂的二层环廊——汉文化环廊。绕行于廊宽 9.5 米的汉文化环廊，可从高视点俯瞰先祖堂的壮阔风貌，产生全新的空间体验。汉文化环廊的东侧连接着中华先贤廊，沿阶梯下行可进入先贤堂，出先贤堂后再沿着廊道折返下行，便回到了先祖堂的一层。由此，空间游览路径形成了一个完整的闭环。以先祖堂为中心，人们开启征程，去探索繁荣灿烂的历史和文明，一番游历之后又回到此地，回到汉文化的本源，获得更深层次的感悟。

在文化展览之余，汉文化博物馆还具有举办会议的重要功能，可举办世界汉语大会、世界汉学大会和世界汉文化大会等重要文化会议。会议区主要包括接待前厅、汉语会场、汉学会场及汉文化大会堂等空间，三大会场围绕先祖堂布置，既可串接参观游览的流线，又可在承接会议活动时独立运营。汉文化大会堂巧妙融合了会议模式与演出模式，为汉文化博物馆区内最大的会场空间，面积约3000平方米，可容纳约2000人同时参会。大会堂平面为直径近60米的圆，演出模式时，采用中央舞台的设计，观众席环绕四周。不同于传统的镜框式舞台演出，汉文化大会堂采用了一种空间舞台布景方式，给予观众更强烈的视觉感官震撼。

石渠阁位于先祖堂的正上方，是汉宫的最高点，也是整个兴汉胜境的制高点，象征了"汉源"文化的源头所在。作为藏书、观景、祈福之处的石渠阁，与先圣堂、先贤堂上方的天禄阁和麒麟阁相互辉映，供游客登高远眺，饱览汉中的山水风光。从石渠阁俯瞰，潺潺流水顺着室外阶梯跌宕流下，汇入有着三座并排的汉白玉拱桥的汉源池，最终流向汉源湖。游客可选择登高后由室外路径离开，也可以选择回到室内，由水下长

汉颂大会堂
摄影：章勇

—汉宫对话 汉中·文化建筑实践

116

廊返回主入口。地上与地下、室内与室外的双重流线设置，形成了多样化、趣味性的游览路径体验。

博物馆将汉文化的维度延伸到两千多年前，将文化大观、历史大观、艺术大观、旅游大观四大体验集于一体，馆内集合了汉族文化、汉朝文化、汉中文化的特色与精华，为游客打开了一扇通往汉文化世界的恢弘之门，带来了穿越历史时空的文化体验。

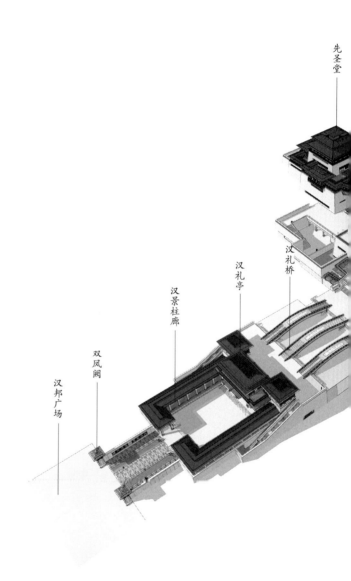

先圣堂

汉礼桥

汉礼亭

汉景柱廊

双凤阙

汉邦广场

汉宫十字布局示意
供图：圆直设计

先祖堂

汉文化大会堂

先贤堂

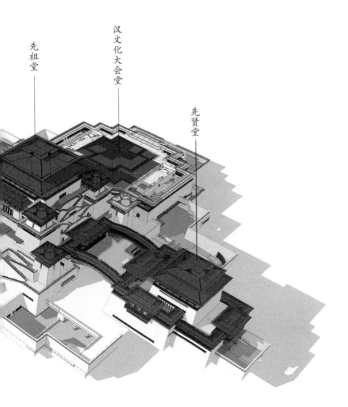

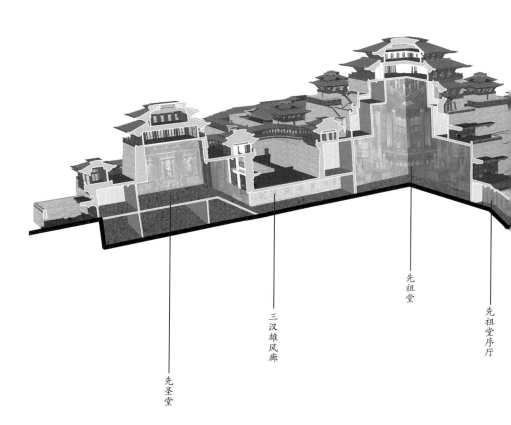

先圣堂

三汉雄风廊

先祖堂

先祖堂序厅

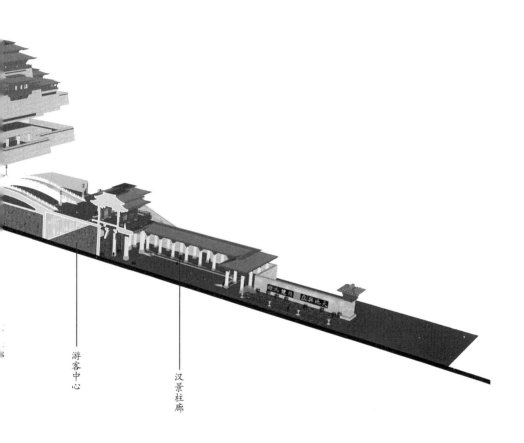

汉宫游览路线
供图：圆直设计

游客中心

汉景柱廊

1 汉景柱廊
2 游客接待大厅
3 水下长廊
4 先祖堂序厅
5 汉文化环廊
6 先祖堂
7 石渠阁
8 汉文化大会堂
9 大会堂序厅

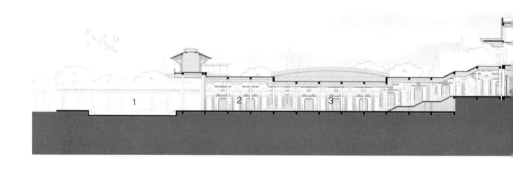

剖面的故事

　　建筑的剖面是建筑神秘的内在世界，精妙的剖面设计能给人不一般的惊喜，就像一块翡翠的原石，不将其外表剖开便不能知道内在的奥妙。这份神秘感引人入胜，汉宫的设计希望通过内外反差获得人们的惊叹，营造出意想不到的效果。

　　汉宫将建筑"种"在山上，建筑的剖面设计也需与山体的剖面设计一体化考虑，将建筑和山交织在一起。博物馆的游客

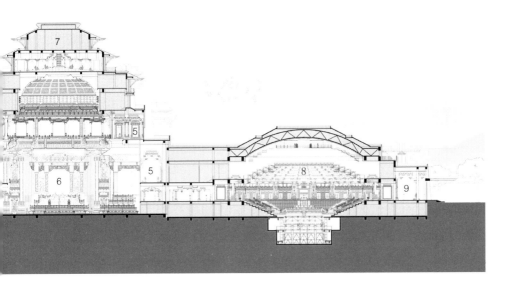

中心、水下长廊、先祖堂嵌入地下二层负 10 米，先圣堂和先
贤堂嵌入地下一层负 5 米，通过剖面设计将地上地下的空间联
系起来。探索汉宫可以通过两条路线来进行：一条穿行在山坡
之下，由广场进入，经过接待大厅、水下长廊、先祖堂序厅，
到达先祖堂，流线在水平方向展开；另一条由广场登上入口大
厅的顶，跨越三座桥，再拾级而上，经过丹陛广场，到达先祖
堂二层。此时，两条游线的游客汇聚在先祖堂中，汇聚在整个
汉宫建筑的核心所在。

　　汉宫的剖面具有大开大合、纵横交错的特点，设计上借鉴了历史上很多伟大的建筑。譬如伊斯坦布尔的圣索菲亚大教堂，当游客穿过大教堂高耸的前厅，踏入更加雄伟宏大的中央大殿，无不惊诧于大殿空间的神奇氛围，一层的大厅和二层的回廊气势非凡却又无比融洽地交织在一起。将圣索菲亚大教堂的空间感受带入到汉宫建筑的创作之中，是先祖堂设计的灵感来源之一。与圣索菲亚大教堂不同的是，汉宫中的先祖堂不仅位于首层和二层竖向空间的聚焦点之上，同时还是南北、东西轴线的焦点，从汉宫的横向剖面和纵向剖面上可以清晰地看到这一聚焦。

　　南北方向的剖面展现的是跌宕起伏，线形的长廊、高耸的先祖堂和宽阔的圆形大会堂串起这条轴线，如同汉代四百年的起承转合，充满了惊奇和震撼。东西方向的剖面展现的是对称和谐，两侧的先圣堂和先贤堂共同拱卫着中央的先祖堂。三个空间两侧低、中间高，通过两个台阶大厅连接起来，并与空中的飞廊联系在一起形成一个环形，如同汉文化的长卷徐徐展开，表达了博大与宽广的气度。

　　汉宫的设计经历了漫长的过程，在几年的修改调整中，建筑空间的最初构想一直得以延续和发展。剖面的设计、空间的变奏、流线的交织，共同汇聚成一座扎根于三山之上的宏伟宫殿。

先祖堂

"汉人"这一称谓在汉朝之前已有数千年的历史，随着汉王朝的兴盛，全世界都认识了这个伟大的民族，自此，汉民族开始立于世界民族之林。先祖堂是汉宫建筑的核心，是在汉中纪念汉人祖先的场所。其殿堂的位置、空间的形态和装饰的样式都需要十分注重传统建筑的礼数。

先祖堂在建筑布局方面借鉴了传说中礼制建筑的典范——"明堂"的布局方法。明堂是中国历史上礼仪规格最高的礼制建筑，具有朝会、祭天和祭祖的作用，在空间设计上体现天人合一的理念。《吕氏春秋通诠》记载，明堂为"中方外圆，通达四出，各有左右房"。因此，先祖堂的位置设于汉宫建筑的最中心位置，平面方圆结合，东西南北被四个厅堂环绕，并通过廊和过厅联系。由于先祖堂的核心是三组人物的壁龛，室内的高度应考虑观众与雕像、厅堂与建筑等尺度之间的关系，最终确定空间高度为 46 米，与罗马万神庙的空间大小相仿。同时，为使得建筑的外观比例不显太突兀，厅堂有 10 米的高度藏于基座之内，基座上方高度为 36 米。

厅堂内部八角形空间的正面和左右两侧为展示汉人祖先的壁龛。炎黄二帝的雕像居于正面壁龛。炎帝和黄帝是汉族的始祖，在上古时期是"华"和"夏"两个部族的首领，形成了华夏族，汉以后称为汉族，所以人们往往称汉民族是"炎黄子孙"。西侧龛中雕像从左到右依次为尧帝、舜帝、大禹、商汤、周文王、周武王、周成王、周康王八位君主。尧帝、舜帝、大禹是黄帝之后的三位德才兼备的部落联盟首领，商汤是商代的开国皇帝，周文王、周武王、周成王、周康王是周朝的几位明君。东侧壁龛供奉的三座雕像为汉代三祖：汉高祖刘邦、汉世祖刘秀、汉烈祖刘备，分别是西汉、东汉和三国时期蜀国的开国皇帝。

先祖堂是汉宫建筑的核心，神圣的空间需要完美的几何形式，在主殿空间的设计中，东、西方的殿堂普遍采用方、圆或者方圆结合的建筑形式。先祖堂采用了下部为八边形、上部为圆形穹隆顶的空间形式，方圆结合，以彰显神圣的空间氛围。

先祖堂的宏大空间希望给前来汉中的汉人子孙带来一份心灵的启迪，一份独属于汉中的此时此刻、此地此景的震撼。如果说寺庙中是拜佛祈愿，教堂中是向主祷告，那么来到先祖堂，站在中央大殿的中心点，将见证大汉文明延续至今的千年传承，见证汉文化的力量对每一个汉人的巨大影响。

汉文化大会堂

汉文化大会堂是一个大型文化会堂，同时也是一个专业剧场，位于汉文化博物馆北侧，同时具有观演、会议、展览与参观的功能。对于这样一个以表现汉文化为主题的剧场，应该采用何种空间形式一直是困扰设计团队的问题。虽然中国戏剧的历史源远流长，但宏大的剧场建筑实例却很少见到，特别是与古代希腊、罗马相比较。直到看到一个小小的文物，思路才豁然开朗起来。这件文物是山西运城博物馆收藏的汉代绿釉百戏楼，它是一个水榭楼台，建于圆形水池中，建筑是一座三檐三台五层四阿攒尖顶式的高层楼阁，在楼阁的一至三层都有各式人物表演。这个圆形水台加上一座楼阁式的汉代舞台构成了汉文化大会堂表演空间的雏形：一个圆形的恢宏剧场，观众席围绕在周围，中央的舞台的顶部和地下暗藏玄机，通过舞台的升降可形成一个汉代楼阁式的立体舞台。

圆形剧场空间承载了史诗长歌《汉颂》的演出，作为一种特殊的剧场空间形式，圆形空间具有强烈的向心性、内聚的动势与外扩的张力。由于这些特性，自古以来，圆形空间常被用作神性空间，譬如英国的巨石阵、罗马的万神庙、北京的天坛等。汉文化大会堂选择圆形作为剧场的空间形式，同样是希望创造出一个神圣的场所，让前来观演的观众沉浸其中。寻找汉文化之源需要一点仪式感，众人汇聚一堂，文化聚焦一点，汉文化大会堂创造了直指舞台中心的力量，并使这种聚焦的力量成为表演的一部分。

　　但圆形剧场在设计之初就遇到了难题。圆形舞台的观演方式要求舞台被观众席四面环绕，舞台上的一切都360°无死角地暴露在观众的视野中。不同于传统的镜框式舞台，这类舞台形式无法设置前台与后场，对于导演和演员的要求很高。圆形剧场使剧场中的观演关系骤然绷紧了，给舞台演艺的设计和表演都带来了很大的难度。通过仔细分析，设计团队认为圆形剧场的采用也有其合理性，作为景区内的中心剧场，汉文化大会堂只为一场主题演出而量身定制，因此剧场的布景设置具有唯一性。此外，由于每天演出的场次较多，出于成本及运营的考虑，《汉颂》的演出无法使用太多的演员，将采用以场景设置为主，叠加多媒体演艺的演出形式，在这些方面，圆形剧场有其一定的优势。特殊的圆形剧场形式既是挑战，也是机遇。明确了汉文化大会堂的形式后，所有深化设计都围绕这一特点展开。舞台的四周被观众包围，仅剩舞台中心的天顶上与地面下作为舞台的后台。《汉颂》的舞美设计充分利用了有限的空间条件，创造性地采用了中心式布景，在舞台中央设置环形投影幕，地面下暗藏了榫卯形升降舞台、环形双向旋转舞台等大型布景机关，演员的上下场利用空中马道、威亚与地下通道来完成。采用升降台、动态机械道具与多媒体图像变幻交织在一起的方式，在中心舞台的弹丸之地翻腾起千年轮转的天汉时空。设计难度极大的圆形舞台，最终呈现出一场盛大的史诗演艺。

图一（上）
汉文化大会堂会议模式
图二（下）
汉文化大会堂演出模式
摄影：雷一牸

　　确定剧场空间尺度是另一个主要的难题。尺度感在建筑形体生成中十分重要，建筑物的长度、宽度、高度以及各空间维度之间的比例这些关键的数字关系到建筑的外观效果与内部空间的体验感。汉宫建筑外观尺度与建筑内部所需要的大空间之间的矛盾在汉文化大会堂集中体现了出来。由于大会堂位于汉宫平面三角形控制线的北侧端点，根据等腰三角形轴线控制体系，结合大会堂容纳人数的测算，剧场的适宜直径为 60 米左右；根据外立面的比例控制体系，大会堂制高点不得超过 28 米，以保持外立面的视觉比例的起伏度与和谐感。但从运维和演出的角度考虑，为容纳更多的使用者、加强表演的效果，内部空间应尽可能做到最大化。汉文化大会堂的最终体量经历了反复的测算和效果模拟，最终定格于一个感性与理性、壮观与和谐的最佳平衡点上，实现了可容纳 2000 人的会议和 1200 人观演的规模。

　　此外，大会堂还需解决空间上如何平衡演艺、会议、参观等不同功能之间的需求的矛盾。声学设计中，圆形空间容易造成声聚焦；灯光设计中，舞台灯对于正对面的观众会产生眩光问题；舞台灯光、演艺道具等功能设备不利于装饰整体性等。这些问题通过多学科团队的综合研究，采取针对性的措施逐一解决。汉文化大会堂是汉宫的缩影，从中可以看到，空间的创造并不是单纯的浪漫创意，而是经过反复打磨、跨越重重障碍才得以最终落地的。

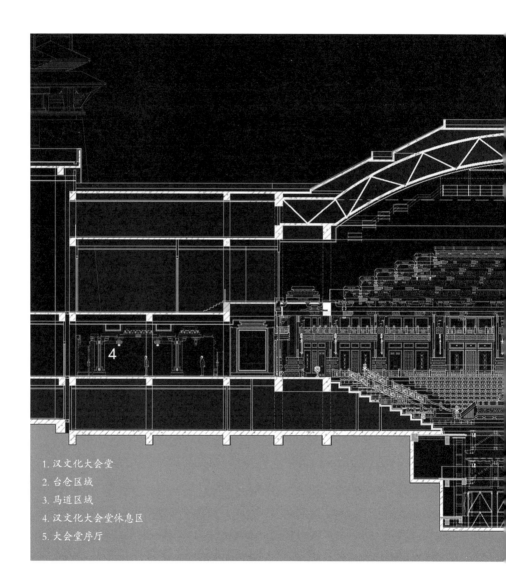

1. 汉文化大会堂
2. 台仓区域
3. 马道区域
4. 汉文化大会堂休息区
5. 大会堂序厅

汉文化大会堂剖面图

供图：圆直设计

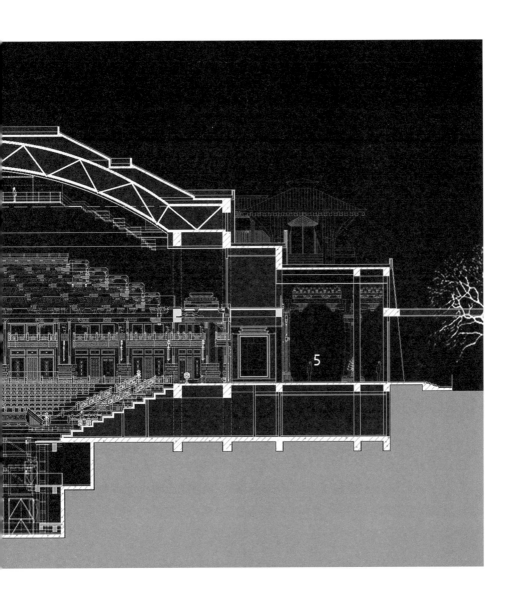

城市展览馆

　　兴汉城市展览馆位于汉宫三山中东侧的岛屿上，用地面积2.9万平方米。兴汉城市展览馆围绕汉中的"汉源文化"展开设计，集中展现汉中的历史和当代发展，并在时空交错中体验汉中未来的城市场景。作为汉宫的三大核心建筑之一，它集城市历史新貌与未来展陈于一体，其建筑总体也采取了古典与现代相结合的设计手法，诠释了汉中独特的汉文化色彩。

　　城市展览馆包含历史厅、现代厅、未来厅三个主题展示区，以展现兴汉新区的过去、现在和未来。三个展览区域之间以栈道进行串联。《史记·高祖本纪》记载："楚与诸侯之慕从者数万人，从杜南入蚀中。去辄烧绝栈道，以备诸侯盗兵袭之，亦示项羽无东意。"从刘邦进入汉中时烧毁身后的栈道，表示不再觊觎咸阳以蒙蔽项羽，到后来出汉中"明修栈道，暗度陈仓"，打败项羽，建立大汉王朝，栈道与汉中的历史息息相关。城市展览馆采用古代栈道的意象组织室内交通，贯穿全程游线，栈道成为城市展览馆游览体验的文化线索。

　　历史厅以水下石门为主题，引导游客体验汉中历史。游客经过栈道，来到以汉中的石门作为主题的展厅，通过"石门"营造出独特的历史场景和观赏体验。历史厅由"破山凿空""汉水通商""城池纪事""时空隧道"四个主题区域构成。汉中悠久的古栈道文化、张骞出使西域的丝绸之路文化、重修山河堰的历史典故以及坊市、客驿、茶馆、商贸集聚的渡口等

繁盛景象通过多媒体技术、实物展示、3D浅浮雕的表现形式获得呈现。游客们走进虚实变换的历史长河，在梦幻的场景中穿越两千载的起伏跌宕，感受汉中城市与文化的兴与衰。

离开历史厅，视线豁然开朗，时空转换到现在。进入现代厅，"栈道"的主题继续延伸，"栈道"下是汉中兴汉新区的沙盘模型，游客俯瞰沙盘，感受当代汉中的城市发展进程。现代厅主要讲述汉中依靠汉水孕育、延伸、拓展，形成了新的城市规划。兴汉新区可升降规划沙盘重点呈现27.7平方公里的兴汉新区"天上银河、地上汉水"的千古梦境，全面而生动地展示了兴汉新区规划和建设的壮阔格局，展现了汉中的勃勃生机。

穿过现代厅，来到未来体验馆。未来馆是科技互动下的视听盛宴，天上银河，地下汉水，走在栈道上仰望苍穹，可以看到汉朝400年的风起云涌，沧桑巨变。馆内有丰富的互动参与活动，令游客在虚拟场景中感受汉文化的时空交错，体验科技与生活融合的"新汉中生活"。

汉中城市展览馆不仅展示了汉中的过去、现在与未来，还珍藏了许多瑰丽的国宝——为汉中量身打造的"金瓯玉盆"、独具匠心的"珐琅冰鉴"、细腻的"茶马古道"木雕、栩栩如生的漆器艺术精品、独一无二的文化载体"饕餮纹四足鬲"……将历史通过中国传统手工艺呈现出来。

城市历史文化是城市不可复制的文化载体，代表着城市的形象，体现着城市独特的历史底蕴和文化特色。兴汉城市展览馆之所以将历史厅以"石门十三品"为主题设置在水下，以"栈道"为线索串联过去、现在与未来，是与汉中独特的历史文化密切相关的，而这也恰恰为城市展览馆增添了一道独特的风景。兴汉城市展览馆摆脱了传统的展览方式，打破了以往标准式展览空间单一的展示手段，创造了多种展示方式相结合的复合性展示空间，浓缩了时间与空间，将历史刻入空间肌理，铺陈开一卷波澜壮阔的城市发展蓝图。

汉乐府

"孔雀东南飞，五里一徘徊"

——《孔雀东南飞》

"日出东南隅，照我秦氏楼"

——《陌上桑》

"少壮不努力，老大徒伤悲"

——《长歌行》

祭天颂神、贵族宴饮、民间悲喜……一首首动人的诗歌传唱至今。汉王朝400年鼎盛时期的民间生活都收录于汉乐府诗之中。

乐府起源于秦初，当时传承了民间采风的习俗，设置了一个专门管理舞乐的机构，这便是"乐府"的起源。秦末战乱，乐府随政权瓦解，直到汉武帝时期，才重设乐府官署，派官员搜集民间诗歌，供国典祭祀或朝廷宴饮时演奏。汉时的民间诗歌经由乐府保存和流传后演变成一种文体，后世称之为"汉乐府"，也叫"乐府诗"。这是继"诗经""楚辞"之后的新的诗体，也是民间诗歌的又一次大荟萃。艺术来自于民间，用乐府诗歌抒情叙事，记录和传唱"琴棋书画诗酒茶"的生活情趣与智慧，这就是来自汉代民间的"生活仪式感"。

"钟鸣鼎食，郁郁人文，有宴必有舞与乐。"乐府在汉代的政治和文化中扮演了重要的角色，位于汉宫三山中西侧岛屿上的汉乐府，以创意再现了汉代歌舞和宴饮文化之博大与精粹，集舞蹈、音乐、表演、饮食于一体，传递千年以前的生活艺术。

汉乐府内设有"舞乐演艺厅""礼乐体验厅""盛宴流觞馆"等区域，分别代表汉乐文化的"舞、乐、宴"三个主题。建筑设计中融入宫殿建筑与古典园林的韵味，各主题空间通过具有代表性的"游廊"元素进行串联。

在汉乐府中，"舞"主题的"舞乐演艺厅"位于一层北侧，是汉乐府中最重要的空间。汉代舞蹈充满现实主义和个性张扬的艺术感染力。《史记·高祖本纪》中记载："酒酣，高祖击筑，自为歌诗曰：'大风起兮云飞扬，威加海内兮归故乡，安得猛士兮守四方！'令儿皆和习之。高祖乃起舞，慷慨伤怀，泣数行下。"这种即兴起舞的风格在汉朝蔚然成风。汉代还有礼节性交谊舞的活动，在宴会过程中，宾客之间相邀起舞的风俗原来并非欧洲宫廷所特有，在汉朝已司空见惯。"舞乐演艺厅"定期上演汉文化舞乐表演，同时兼具大型宴会功能，可容纳400~500人就餐。2600平方米的"舞"主题区包括室内和室外演艺区域：室内空间进行文化主题歌舞表演，演艺踏歌表演、酒令歌舞和剑舞等；室外庭院兼做舞场，设戏台和庭院观赏区。"舞"主题区还设有二层雅室区，满足宾客既有独立的用餐空间，又能观看舞乐表演的需求。

汉乐府

摄影：章勇

　　一层西侧是由游廊串联的"礼乐体验厅"，"乐"主题贯穿始终。汉代器乐已很丰富，吹管乐器有排箫、笛、竽、筇、角等；打击乐器有编钟、编磬和筑；弹拨乐器有瑟、箜篌、琵琶，还有古琴等。围绕中心庭院设置八个礼乐表演厅，分别使用八种不同的汉代乐器，表演不同地方风格的音乐，在此体验的是室内汉乐府私家堂会的宴饮氛围。景观中心区设有琴台，提供古乐表演。优雅、静谧的就餐空间，在就餐观演的同时也可欣赏室外景观，于山水之间设饮欢宴，尽得清风明月之韵、天人和谐之气。

　　"宴"主题的"盛宴流觞馆"位于地下一层东侧，再现了大汉传统宫廷晚宴场景。在汉代画像砖中，有个重要的题材是饮宴，随着汉王朝经济的发展，物产也越来越丰富，对于食材烹饪器皿越发讲究，饮宴时的礼仪也逐步完善。画像砖上的那些独特的传统宴会仪式及精美的汉文化主题菜式在"盛宴流觞馆"中得到再现，同时伴有宫廷文化演艺，如宫女舞乐、剑士舞剑，人们于此品论歌舞，尽享佳肴。下沉式庭院设计曲水流觞景观，庭院南北两侧分别布置600平方米、300平方米的两个晚宴厅。"礼始诸饮食""席不正不坐，割不正不食"……宾客在就餐的过程中领略汉代饮食文化，并可于歌停舞歇后闲倚凉榻，眺望庭院深深，汉宫秋月。

　　汉桂飘香，隐约楼台，厅堂之中，汉乐缭绕，舞袖翻飞，歌声绕梁，精美怡人的汉代歌舞和宴饮文化令宾客犹如置身于大汉歌舞宴席的长乐盛会。作为汉宫中集歌舞乐宴、民间歌谣及舞乐文化当代发展展示于一体的建筑，汉乐府集中地体现了汉文化中具有重要地位并且历史源远流长的诗歌礼乐文化，让游客在感受丰富多彩的大汉文明的同时，体验视觉、听觉及味觉多重享受的盛宴。

汉乐府传承的是百姓表达自己的喜乐生活的一种方式，延续着从汉代祖先那里传承的一份生活上的仪式感，一份对生活的体察、歌颂和珍惜。

夕阳下的汉宫
摄影：章勇

汉宫鸟瞰布局
摄影：雷一鸣

汉宫日景
摄影：雷一钍

155

汉宫夜景
摄影：章勇

157

汉文化博物馆前丹墀广场
摄影：雷一牮

159

汉宫立面局部
摄影：章勇

汉宫斗栱细部
摄影：章勇

163

游客中心环廊庭院
摄影：章勇

169

171

汉文化博物馆入口汉阙

摄影：章勇

水下长廊
摄影：□男

175

先祖堂二层视角

供图·文菱

路明天下

经天纬地泽世

万国日月

红日

177

汉文化大会堂（二）
演出模式
摄影：雷一牤

181

城市展览馆室内（一）
摄影：章勇

83

札记

镜头中的采风

汉宫设计历时约 7 年，一直有一支拍摄团队全程跟随记录，这个团队属于中央电视台第四套节目，负责人樊导是一位高高大大的北京帅哥。每逢重要会议和项目节点，樊导都会带队认真记录。有一天，他联系我说要"专门拍一下"，所谓"专门"就是要"演"一段了。以前看过许多关于建筑的纪录片，有国内的，有国外的——BBC、探索频道，还有工程奇迹专题的……是否也有类似的"艺术处理"？不得而知。但既然需要出镜，项目团队也就欣然配合了。

拍摄分为"构思—设计—建造"三个段落，基本符合设计的过程。汉宫的构思很辛苦，拍摄构思也很不容易。那一次是在春节之前，汉中的天气挺冷，刚下过雪，城市里的雪已经化了，但山区还是银装素裹。拍摄的主题是设计团队去汉中的张良庙、古栈道、阳平关、武侯祠和武侯墓采风的情景。严冬时节，由于几乎没有游客，能看到不同的景致。

张良庙

张良庙坐落在秦岭南坡的紫柏山麓，是全国重点文物保护单位。张良是汉初三杰之一，在西汉立国后又"辞汉"到紫柏山潜心修道成仙，其十代孙张鲁做了"汉中王"后，开创了五斗米教，成为中国道教发展的重要阶段，所以张良庙也成为道教的重要场所。到了张良庙，门口是一道由青砖砌成的山门，确有些神仙的味道。入山门后便是一木桥，叫"进履桥"，取自张良在圯桥为黄石公拾鞋得《太公兵法》的典故，这样的入口确实不凡。

张良生前因"出谋划策""决胜千里"的军事智慧和"明哲保身""功成不居"的处世智慧而为后世人传颂，身后则又被人认为辟谷成仙，逍遥自在，是完美人生的代表了。现存的张良庙虽是明清建筑，我们却也感受到了汉初的那分仙风道骨之气，连庙中的竹子都是扭扭弯弯的，甚是奇特。汉宫是以儒释道一体作为文化内涵的，对于汉中的道文化，在此我们有了初步的了解。

武侯祠与武侯墓

以智慧闻名天下的诸葛亮，他的人生结局是"出师未捷身先死，长使英雄泪满襟"，与张良"明哲保身"的处世智慧非常不同。诸葛亮和张良都是汉宫先贤堂的主角，诸葛亮还是兴

汉胜境中拟建的诸葛文化馆的文化依托，所以去武侯祠和武侯墓时我们怀有更多的敬意和思考。

汉中的武侯祠在勉县城西，与建于定军山脚下的武侯墓隔汉江遥遥相对。由于这里是刘禅唯一下诏设立的诸葛亮祠堂，建于公元263年，早于其他如成都的武侯祠，所以被称为"天下第一武侯祠"。大门两侧的对联上书"未定中原，此魂何甘归故土；永怀西蜀，饮恨遗命葬定军"，充满了悲剧的色彩。而牌坊之上的"天下第一流"及正殿里的"大汉一人"匾额表达了后世人对于诸葛亮的推崇与敬仰。武侯祠的建筑是明清时期复建的。令我们印象深刻的是武侯祠的古树，院子里有很多古柏，现存有18株。还有一株极罕见的"旱莲"，树龄有400余年，春初开花，花瓣为紫色，被确定为汉中市"市花"。满院的古树使建筑群形成了独特的气质。

武侯墓离武侯祠不远，带给了我们更大的震撼。诸葛亮为人朴素，薄葬于此，墓园形制简单，不见奢华。但墓园内有参天千年古柏40余株，其中为诸葛亮死后种下、树龄超过1700年的柏树有22株。园中尚存两株汉代的桂花树，非常粗壮，被称为护墓双桂，更奇特的是墓冢里也长出了一株黄果树，像给墓冢撑起一把伞。草木似有情，千年护忠良。

汉台和古栈道

汉中关于刘邦的著名景点是汉台，现在的古汉台博物馆便是在古汉台的基础上修建的，据说这里曾是刘邦的行宫。刘邦从这里出发，成功地建立了大汉王朝。诸葛亮也从这里出发，失败了，出师未捷身先死，葬于汉中。但后人对刘邦有褒有贬，对诸葛亮却奉若神明，称颂他是智慧、忠勇、廉洁的楷模，可见古人也不一定以成败论英雄。汉台内有两个有意思的展览，一个是古栈道的展示，另一个是著名的"石门十三品"。后者是13件著名的摩崖石刻的合称，来自褒斜栈道中的石门。

我们离开汉台后的下一站，便去了石门所在的褒斜栈道，这是汉中现存古道中比较易于到达的一段。蜀道从陕西关中到四川成都地区，穿越了秦岭和巴山，而秦岭、巴山之间，必经之地是汉中。蜀道难，难于上青天，从西安到汉中，目前走高速公路要走4个多小时。高速公路是近道，几乎是由一个又一个的隧道连接而成，透过车窗仰望夹路的高山，密林深处的山腰间深藏着几尺宽的古道，时隐时现。很多古道建在绝壁之上，先在岩石上插入悬挑的石梁，再于梁上铺设道路，这便是千年前的高速公路，极为险峻，却可以跑马。每一次坐车由高速公路穿越秦岭到达汉中平原之后，我都会长出一口气——终于到了。不知古人经年累月走过蜀道，最后到达汉中平原时，面对历经千难万险后的豁然开朗又是怎样一种心情？不论刘邦建立大汉王朝还是诸葛武侯试图复兴汉室时，汉中都几乎是唯一的屯兵之地，来这里需要勇气，离开也抱定了成仁的决心。我们一行三人为拍摄在古蜀道采风的镜头，在悬崖古道的遗址边一遍一遍走着，天气太冷，直感到脸颊麻木、鼻涕滑落也不自知。一次又一次地端详古道，若有所悟。悟到了什么呢？往

事如烟，栈道毁了还有石梁，石梁滚落了还有崖壁上深深的石洞，一切都刻在历史之上。

这些风流人物在一千多年前曾历经千辛万苦之后来到汉中，而一千年后在汉中的汉宫，在如此华宇之中去纪念他们时，要表现什么，要如何去表现，要让远道而来的旅人以何种角度去贴近他们？建筑师很难回答这个问题，又必须通过自己的理解用建筑表达出来。

在汉中拍摄了三天，不知道最终镜头中的我们是可笑还是可爱。但镜头中的我们毕竟和那些古人产生了联系，让我们身临其境地去思考，这也是此次与这些古人旧地"同框"获得的最大的收获了。

圆直办公室的拍摄

2014 年，圆直的办公室还在外滩附近的星腾大厦，樊导带领的央视团队组织了又一次拍摄，主题是记录汉宫建筑的设计历程。除了拍摄设计师之外，办公室里大量的书、画、模型也引起了摄制组的兴趣，一一成为主要的道具。这些"道具"十分真实地代表了设计过程中一个个有趣的阶段。

从天书到工具书

圆直办公室有一整面墙的黑色书架，或整齐或松散地摆放了这几年伴随着建筑师们的那些资料书籍，其中有一些被称为"天书"。

最早放置在书架上的是文化学者刘建华老师给我们推荐的二十来本关于汉代方方面面的研究类的书，作为我们的必读资料。第二类是中国古代各时期有关建筑的经典书，包括南朝萧统的《昭明文选》，其中东汉班固的《两都赋》描绘了汉代城市和建筑的面貌。还有汉末的《三辅黄图》、宋代李诫的《营造法式》、明末计成的《园治》、梁思成图解的清工部《工程做法则例》等。这些被视为"天书"的古代经典以前对于我们来说只是一个名称，现在却需要去啃一啃。"天书"边上的第三类是大学的教科书，如《中国建筑史》《城市规划原理》《中国古典园林史》等，这些教科书由不同版本拼凑而来，从 20 世纪 80 年代起一直到最新版本，由设计团队中不同年纪的建筑师们翻箱倒柜地找出来，在汉宫设计这个大背景下重新一起学习。作为执业建筑师的我们，"复读"这些课本得到的体会自然与莘莘学子时代不同。书架上更多的是现代通用的资料集、规范等，这些当代的"营造法式"和古书放在一起自有一种传承的意味。除此之外，大量的古代和当代东方建筑的书籍也给了我们特别多的启发。

有一些概念是这一系列书里从各种角度进行诠释了的。比如"一池三山"，《史记·孝武本纪》记载建章宫"其北治大池，渐台高二十余丈，名曰太液池，中有蓬莱、方丈、瀛洲"。同样，在《西京赋》《三辅黄图》中都有对于东方三仙山的详细描述，《中国古典园林史》在描写清颐和园的一池三山时称之为中国皇家苑囿的基本格局。这些不同年代的书对"一池三山"以不同的方式进行描绘，反反复复地强化，刻入了我们的脑中，成为对于中国园林的基础记忆，从而生长到规划方案之中。

读书是做汉宫建筑设计的第一步。杜甫说："读书破万卷，下笔如有神。"做建筑设计大致也是如此。

在格子上作建筑画

古代的建筑师和工程师很多都是大画家，东西方都如此，绘画是他们表达设计理念、解释建筑方法的重要方式。西方文艺复兴的代表人物——达芬奇就是两者最完美的结合体，他的工程类画作远多于艺术绘画。不知道中国的大建筑师——隋朝

查阅《中国古典园林》

摄影：赵伟

的宇文恺是怎么工作的，如何绘制布局严谨的大兴城、仁寿宫、洛阳城等的设计图卷。古人的营造活动，较之于具体建筑设计，更注重布局和形式。中国古代一些最经典的皇家宫殿、苑囿都有内在的几何逻辑，譬如故宫、颐和园的平面和立面就具有代表性，可以分析出其布局内在的网格规律，严谨而又和谐，充满儒家文化内在的礼和乐的智慧。当然，这些分析大多是后人根据建筑实例进行的反向推导和研究，古人如何思考，如何下笔绘图，建造过程又是如何，我们不得而知。

汉宫项目组前期的工作模式试图接近宇文恺等古代大建筑师的工作方式。在设计中，抛开电脑，拿着尺子画起了格子，开始研究点位，在格子纸上作画，从平面到立面，从二维到三维，使这种内在的逻辑贯穿于作画的全过程。

中国画讲究意境，建筑图也如此。中国古代有一类画叫做界画，是指在作画过程中用界尺来辅助的画法，虽然画面十分精密工整，与写意为主的中国画区别较大，但美学上的价值依然很高。这种艺术表现形式常常用于描绘建筑物或者各类精致的器物。《阙楼图》就是其中较早的一幅，发现于唐懿德太子墓中，其他著名的还有宋徽宗的《瑞鹤图》、元代的《岳阳楼图》等。这些图画对于建筑的形象、风格、细部作了准确的表达，甚至可以依此图建屋，非常类似现在的建筑表现图，这些绘画表达了中国建筑特有的意境。文化建筑的设计过程本身也是艺术创作过程，需要艺术的唯美和工程的精准并重，因此，汉宫的建筑设计图也以这些古代界画的意境为蓝本展开。可以说汉宫是在那些充满古典传承的平面格子纸上规划而成，是在中国意境的建筑画绘制中跃出纸面的。

模型和皇帝视角

圆直办公室摆放着许多大大小小的模型，有关汉宫的就有十来个。各个模型分别在设计各阶段起到不同的作用，1∶1000 的用于规划推敲，1∶500、1∶300 的用于建筑设计阶段，1∶50 和 1∶20 的用于研究建筑的细部，甚至还做过一个 1∶5 的细部装饰模型，由于太大拿不进公司而一直放在模型制作地。

立体模型是表达建筑最直观的方法之一，建筑模型的制作已有很长的历史。在清代，由于做建筑模型需要熨烫，所以称为烫样，烫样制作的目的是为了给皇帝御览以确定建筑方案，包括布局、造型、室内布置等，所以非常细致。雷发达祖孙七代为皇家主持建筑事务，正是因为制作烫样而被称为"样式雷"，现存的样式雷模型是故宫的镇馆之宝之一。

模型制作在汉宫设计中也发挥了重要作用。不同于图纸和效果图，模型提供了更为宏观的"皇帝视角"，此时，建筑师可以暂时放下细枝末节的各种因素，把自己当作皇帝来进行审视，对方案可以给出更整体的判断。汉宫的模型收藏在圆直的办公室，没有提供给政府和业主，因此无需涂脂抹粉，仅是朴素的白模，是将设计方案"烫样"固定下来的过程。烫样完成，相应的规划、建筑和细部设计也就明明白白了。设计师从"皇帝"的角色变回"样式雷"，设计上该改正的改正，该优化的优化，随着最终版的模型完成，一切设计可以板上钉钉了。

那一天，一边是热热闹闹的拍摄，一边是安安静静的回顾。办公室的书、画和模型记载的是对汉宫的思考、创作过程，是设计沉淀后抛光打磨、视觉或实物化显现的难忘经历。

汉宫建筑模型鸟瞰

供图：圆直设计

封顶了

2017 年 8 月 8 日是个大日子，汉宫在这一天终于结构封顶了。项目工程的微信群里炸开了锅。在这天之前，群里每天都在"吵架"，充斥着功能的、结构的、工艺的、进度的争论，在这天之后应该依然如此。但在封顶日前，现场传来了一张不知作者的航拍图，群里的人们瞬间都变了——变成了一群乐呵呵的孩子。由于设计团队成员遍布天南海北，封顶当天未必都在汉中工地现场，不能即刻举杯庆贺，唯有在网络上同庆，在微信上发红包了。这一天是大家的节日，平日在技术上苛刻的人们发起红包可以毫不吝啬，要起红包来也没大没小。

结构封顶是建筑工程建设的一个重要阶段，会举行仪式以赋予美好的祝愿。这个传统历史悠久，可能源自古代木结构房屋的上梁仪式。由于木结构上梁有一定的失败风险，所以有许多相关的故事。譬如"样式雷"家族的第一代雷发达，据说就是在太和殿上梁仪式上一战成名的。汉宫的封顶虽没有结构不能完成的风险，但建筑设计的效果能否实现，多少让我们有些惴惴不安，急于在汉宫的结构骨架中游走一圈，从几个关键的视点来拍摄工地照片，检验一下是否能达到预想的效果。

先是从汉源湖对岸拍摄，这里是观看汉宫全景的最佳视点。8 月份天气正热，虽然建筑外围还包裹着绿色的施工安全

汉宫北侧鸟瞰效果图
与结构封顶对比
图一（上）：
供图：圆直设计
图二（下）：
供图：汉文投

网，但从湖对岸看汉宫，建筑面貌初步呈现。主体建筑高度为65米，这在城市中并不算高，但却实实在在是兴汉胜境的制高点。平缓的建筑天际线已经初现轮廓，建筑的层次也逐渐明晰。从水面到建筑最高点的60多米高度差通过东西南北四个方向的多个建筑群组逐步过渡形成，在进深200多米的造型序列之后最终达到高潮。每一组局部都烘托了主体，从各个方向看，都很自然。已经覆土的山体也是建筑立面的一部分，山坡上的园林消减了建筑体量，未来加之树木的掩映，汉宫建筑群将形成一幅在自然大美意境之上的汉家宫阙图。

汉礼桥16米平台之上是另一处重要的节点空间。这里并不是很高，但令人感觉已经站在了兴汉胜境的中心。这个8月，整个新城项目都在开工，外围道路已经初现规模。这种中心感正是多条轴线汇聚的结果，包括中央大街的南北向轴线、水系的东西向轴线、丝绸大道的圆弧轴线等。汉宫轴线产生的这股"中心感"较之一些宫殿群显著的轴线略显含蓄些，符合园林化的气质。这种"中心感"不仅从"鸟瞰"的角度明显感受到，更能从人的视角获得。汉宫建筑群规划形成了等腰三角形的严谨布局，使得人们位于三角形的节点场所时，无论是在建筑室内向外望还是在室外广场之中，都能获得这种空间之间产生的紧密的对位和连接感。

石渠阁是汉宫的制高点，土建结构封顶的这一天我们第一次登顶汉宫。时间已近傍晚时分，视野之中，巴山、汉水、汉

汉颂大会堂效果图
与结构封顶对比
图一（上）
供图：禾易设计
图二（下）
供图：汉文投

源湖、汉宫、秦岭依次呈现，实现了以规划的方式将文化与建筑连接的最初设想。金灿灿的阳光洒在脸上，洒在高大的石墙上。站上平台，感受来自秦岭的风。环顾四周，两幅画卷——秦岭山川图和兴汉胜境图连接在一起。

进入汉宫室内，内装虽还没有开始，空间已将最"诚实"的一面呈现出来。我们像游客一样从头到尾走一遍，用相机记录下游程。由主门进入，依次穿过接待大厅、水下长廊、先祖堂、大会堂、汉文化环廊等主要空间，阅读其中的韵律感。如果说平仄是诗词中的韵律，通过平直和曲折的交替才能产生节奏感，那么汉宫的建筑空间也在创造这份节奏感。每一个大空间的前序空间都有意识地收拢，让走过这些空间的人们先酝酿情绪，等待之后迎接他们的更震撼的主空间。每一个空间之中都注重营造层次和序列。视线被建筑的柱子和梁构成的各种"景框"所吸引，并被引导至框中的各种场景。一种是水平方向的框景，如水下长廊，连续60米的柱列一直延伸到先祖堂；另一种是向上的景框，如汉文化大会堂，圆形的柱子和环梁一层又一层，勾勒出大穹顶的气势；还有向下的框景，从先祖堂各层环廊俯瞰，中庭边界构成的连续景框将空间的雄伟通过与人以及建筑细部的对比展现出来。

结构封顶带来的是喜悦，封顶之后也总是会发现这样那样的问题。游走了一圈，笔记本上圈圈画画改了一路，约好了同样沉浸在欢乐中的结构工程师、室内设计师、园林设计师们预备着回上海后第一时间一起"聊天"。一天快要结束的时候，汉宫的影子越拉越长，余晖中，闭上眼睛，幻想未来汉宫的模样是一种享受。

月正圆

2018 年的中秋将近，距离初次来汉中已经过去了 6 年。金秋时节，汉中的空气中飘着金桂的甜香，这是一座美好的城市特有的味道。这一次，兴汉胜境迎来了中秋晚会的摄制活动，并且会在中秋节当晚在东方卫视、北京卫视、凤凰卫视和陕西卫视播出。

汉源湖上一轮明月已高高挂起，是特意制作的巨大的假月亮。凉风习习的夜间，坐在金台上，对岸的汉宫建筑崭崭新，喜洋洋，如同刚刚揭开红盖头的新人。天渐渐暗了下去，建筑点亮了灯光，宛如上了妆，显现出与平时不同的艳丽，仿佛天上宫阙。彩排的歌舞充满了曼妙的起承转合，情绪最高亢的时刻，百米高的喷泉一排排直冲天际。此刻晚会正在彩排，近处有导演、有明星、有观众、有粉丝，远处有汉源湖、有汉宫、有远山。映着星空的倒影，我看到了天上银河地上汉水的盛景。

曾经，汉源湖上的舞台和喷泉让我们疑问重重：设备从湖面上冒出是否会隔断完整的汉宫倒影？湖上的汉船是否过于巨大而无法隐藏？演出灯光如何与建筑灯光相协调？虽然明白这是湖上演出的必需，但还是难掩内心的忧虑。与舞台设备团队反复沟通，尽可能地减小了喷泉喷头浮出水面的尺寸，对船作了装饰，演出灯光也与平日灯光进行了协同设计。但治标不治本的方式，终究还是令预期中纯粹的建筑和园林效果减了分。

这份忧虑直到经历了中秋晚会的录制，才有了另一种或许更有维度感的答案。

汉宫的灯次第亮起，汉源湖上空的无人机如星星闪耀。苏轼的《水调歌头·明月几时有》中描绘的"明月几时有？把酒问青天。不知天上宫阙，今夕是何年"在汉源湖上呈现出来。汉宫的中秋夜很美，很中国，很圆满。这或许就是建筑师想要实现的空间感受，较之白天游人如织的场景更符合最初的目标，因而也是汉宫另一种方式的真实呈现。

兴汉城市展览馆局部
摄影：雷一牤

肆

协同

协同设计

汉宫的设计是一个庞大复杂的系统工程，项目的复杂性要求更专业的执行团队以及团队间更密切的配合。在灵山集团的整体统筹下，一支文旅设计的"梦之队"诞生了。它涵盖了策划、规划、建筑、景观、室内、工艺、演艺、灯光、结构、声学、机电、消防、生态等各专业领域的资深团队，通过前后近7年的同力协契，为项目的构建打下了坚实的基础。汉宫项目定位高、系统复杂、技术交叠，在设计、深化、落地等各个方面都具有很大的协作难度。所幸，设计团队群贤毕至，同心协力，共克难关。

汉宫的设计需要从城市、文化、生态、产业、社会等多学科的角度交叉切入，这要求设计团队具有更融合的思维。常规项目强调清晰的工作界面和明确的分工，而汉宫的创作过程恰恰相反——各专业的设计师必须模糊思考边界及工作界面，仅仅从单一专业背景出发的团队是不能胜任汉宫项目的设计工作的。大型文旅项目需经历创新、整合、落地的过程，而这个过程需要各合作单位同步设计、同步研究、同步论证，通过协同设计的方式才能完成。汉宫是个交叠融合的复杂系统，既是文化式规划、园林式建筑，又是环境式演艺、弥漫式艺术等，每一处创想都需要跨界融合，每一个参与团队都需要去理解其他各个相关专业，不仅从专业视角，更要以综合的考量去为项目建设添砖加瓦。作为方案设计师，建筑团队在项目伊始就将文化、规划、建筑、园林、室内、艺术、灯光、演艺等同步考虑，而随着时间的推移，团队中陆续加入的其他成员也慢慢形成默契，身份与思考维度不再单一。

多样化的团队在合作中难免出现更多的矛盾和碰撞。由于深入参与了汉宫项目的全过程，建筑方案团队在切磋过程中遇到矛盾、碰撞可谓家常便饭。一场演出的排布，一组灯光的效果，一个空间的序列，一组艺术的图案，一方园林的意境……各项细部设计在思考的最初，都与原始建筑方案相关，但随着项目的推进，各专项在长时间深度介入后，往往由于过于聚焦细部而模糊甚至偏离了整体大思路的初衷，这也是专业越多碰撞越多的核心原因。当矛盾出现时，建筑整体效果是一个非常重要的评估及检验的角度。在协同设计的过程中，建筑师与各专业团队也一步一步地走完了近7年的长旅，交织了一段共同成长、共同创造的难忘经历。

四个专题

　　汉宫的设计和营造是一个共同研究、探索的过程。在这个富有挑战性的项目中，各方设计团队紧密配合，相互切磋，发生了许多有趣的互动。在以下的篇章中，本书作者钱健、潘赛男、蔡少敏（下文中简称钱、潘、蔡）将与汉宫的景观、室内、艺术纹样、演艺设计团队的主要成员：上海聚隆绿化发展有限公司的彭锋、上海禾易建筑设计有限公司的鱼晓亮、池州市一心蝉文化产品设计有限公司的冷咏以及北京锋尚世纪文化传媒股份有限公司的郑俊杰（下文中简称彭、鱼、冷、郑）共同分享汉宫的设计中建筑与景观、室内、纹样、演艺协同设计的相关故事。

专题一：建筑景观一体化

⊙山水协同 | 建筑师是景观师，景观师也是建筑师

蔡：我去过一次现场，汉宫整体看起来浑然一体，大气舒展，那么，在设计过程中建筑和园林是什么样的关系？

潘：如果能收获到如您感受的评价，那么证明我们之前的努力还是值得的，也是颇有成效的。在整个项目概念方案之初，我们的设计理念就是要打造东方园林式的大意境。我们有一个大的方向性原则——汉宫是一座园林建筑一体化、山水融合的建筑群落，建筑与园林在空间关系上穿插融合，而非一栋建筑单体，这是项目的一个重要特征。

所以我们虽然是建筑师，但是整体方案也是从山水格局、园林意境等角度综合考虑的，这一做法同样适用于景观师，在这个项目上充分践行着"建筑师即是园林师，园林师即是建筑师"的协作模式，可以说是不分你我了。

⊙调性协同 |《大风歌》对于项目"大象无形"式的启发以及南北融合的园林调性

蔡：你们在整体的风格上纠结过吗？现在这种效果的大感觉是怎么综合敲定下来的？

彭：在前期，我们景观方向的考虑虽然首先是遵从"建筑景观一体化"这一概念，但实际上我们在具体设计过程中依然是以突出建筑为主。所以，景观设计的整体风貌大气统一，我们希望体现大气朴拙的汉家风范，而非花枝招展。在景观园林的风格调性这个专项的研究过程中，也有一个非常有意思的经历。我们研究圆明园、颐和园等大山大水的皇家园林，但同样也在思考汉中作为"西北小江南"这样一座南北交融的城市，她的园林风貌如何游走于"大气粗犷与精致细腻"的南、北方风格之间。

所以我们的景观方案有很多层次。宏观层次整体、雅拙、大气。远观汉宫整体，包括植被搭配等，以素雅为主，强调整体效果；中观层次，造园手法经典、细腻，充分体现了经典、精致，南北方风格融合的园林调性；微观层次沧桑、古拙、做旧，表达手法上追求细腻的感受。

⊙天际线协同 | 树的故事

蔡：建筑与景观在协同设计上有哪些难忘的有趣的事情？举几个例子？

潘：在这个项目上，建筑与景观的合作很默契。举个例子，是我们合力完成控制项目景观天际线的最终方案，这个经历可称为汉宫的"树的故事"。

一般园林的树木高度根据造园意境和建筑的关系来控制，但是我们的项目概念从一开始就对于天际线有整体的构思，需要从建筑天际线、山体天际线、树木天际线这三个层面，有虚实、有主次地控制整体立面节奏。所以建筑团队、景观团队在方案阶段就合并了建筑和景观模型，整体地推敲立面层次，以整体效果依次推导出建筑天际线高度、树木天际线高度和高堆土山体轮廓。可以说，最终看到的每一棵树，都是被我们这些"导演"编排过的。

彭：园林，三分设计七分营造。图上是一回事，实际落地又是另外一回事。种植对于汉宫的园林效果非常重要，不仅在前期方案阶段需要我们设计的协同，在后期营造过程中也同样需要协同作战，才能实现我们想要的效果。

在汉宫的山上，大树多，汉桂尤其多，景观以星、云、桂形成第二级立面天际线层次。我再举个例子，在汉宫的建筑入口处有一个独特的仪式感的设计——走入汉宫双凤阙，象征着进入汉宫的领域之中，双凤阙后的阙墙序列感地将视线引向汉景广场。在这个序列中，空间需要树木来参与营造，除了需要进深感，同样需要比较大的树冠及四季不同的气象。于是，有了汉宫门前传奇般的六株双株银杏。银杏是有灵气的植物，更为名贵的是双株丛生银杏，而对于我们的项目难上加难的是罕见、名贵的双株银杏需要并列两排，且要求形态一致，每一对要向心。这是一次全国性的寻木行动，项目团队踏遍多个省份，终于寻齐六株双株银杏。不过在总体项目营建过程中，这也只是万难中的一难。城市展览馆门前的罗汉松，沿湖的日本松、古香樟，每一株古树都在原有的汉文化千百年历史的基础上新增了兴汉胜境营造的故事，这些故事的背后都是我们所有成员的协同作战。

图一（上）
罗汉松
摄影：雷一牡
图二（下）
汉礼桥
摄影：钱健

⊙桥的故事

蔡：兴汉胜境的桥是一个令人难忘的文化和景观符号，能为我们分享一下吗？

潘：这个项目的桥真的太多了，光汉宫的一池三山上就有12座。这12座桥形成了"门前三，岛内四，岛外五"的"三四五"的阵仗。汉宫门前有三座汉礼桥，站在汉礼桥上看汉宫，是汉宫名片级的代表形象之一。

彭：桥真的有太多故事了。水的设计概念注定了汉宫乃至整个兴汉胜境是一座桥艺术的大观园。园区内遍布33座桥，汉宫上就有12座。桥的设计历程是一趟回归经典之旅。中国的桥千千万万，我们曾尝试创新桥的形式，但最终还是要回归经典，中国的桥在规制、结构、形式、材料方面都有规矩。经典的桥的样式能够流传下来，因为是合理的，是美的。园区的桥，根据方案中的规制，都有些参照，故宫的金水桥、民间的赵州桥等，都在我们的参照学习名录中。

兴汉胜境的基底颜色是由蓝色和绿色组成的，如果你坐着直升机在空中鸟瞰，大片郁郁葱葱的树木和清澈涌动的湖水会充盈你的视线。四通八达的水系由桥连接，大量山体植被由古木点睛。所以说，游走于兴汉胜境，同时也是游走于桥的博物馆中。

兴汉胜境的桥，是一组独特的风景线，每座桥都是凝聚了汗水和智慧的传奇故事。刚提到的汉宫前的三座桥，也就是汉礼桥，可谓重中之重——三座长桥直指汉宫，气势磅礴，侧看如长虹。如此重要的汉宫三桥经历了方案的数十次修改，现场工程的两次拆改，最终才亭亭玉立于汉宫大门前。洁白无瑕的上乘汉白玉，触感温润，雕刻精良。桥体的起拱高度和栏杆的构成和材质也一直是一个讨论的重点，最终确定为起拱2米，兼具远观优美舒展与近看挺拔精致的观感。桥栏杆到底用实木还是汉白玉？通过打实样不断比选，最终兼顾了经典性、艺术性、耐久性等多个方面，决定以石作为主。汉白玉上的雕刻纹样、望柱的风格等都是在不断协同中才磨合确定的。

汉宫桥上的汉白玉狮子

摄影：章勇

专题二：空间的传承

⊙当代的"中国式"宫殿

蔡：汉宫建筑群被称为展现中国汉文化的殿堂式建筑，如何做一个当代"中国式"的宫殿？

鱼：我们更愿意说是中国文化殿堂空间，做这样的空间设计要从设计无锡灵山梵宫说起。当时我们室内设计的带头人陆嵘也才30岁，带着我们一批20多岁的年轻人去面对梵宫这个空间巨大的文化类型项目时，真的有点无从下手。我们几乎是从零学起中国传统古建筑。为此专程组织了一次中国古建之旅，由上海到北京，然后从北京出发到山西，从云冈石窟一路向南，考察了大同华严寺、应县木塔、悬空寺、佛光寺东大殿、王家大院、乔家大院，最后到平遥，看双林寺。一座座令人叹为观止的精美古建筑有非常多的纹样元素可参考。从这些古建筑上能清晰地感受到文化的魅力，似乎在诉说着千年的文化故事。在梵宫最开始用来制图的第一批纹样中，大部分都是那个时间段我们自己用相机拍摄采集的素材。

业主想象的梵宫空间，不应该是一个像美术馆或者博物馆的空间，而要呈现一个让人一进入就发出赞叹的视觉空间。我们尝试将中国古建、西方空间以及文化、色彩、艺术等元素充分融合，这成就了梵宫后来的佛教艺术殿堂。我们当时的想法和理念不是照搬既有的建筑形制，而是结合西方的殿堂建筑空间和现代建筑的手法与逻辑关系，采用东方的建筑营造法则和梁枋斗栱的构建语言。

中国宫殿式空间与欧洲宫殿式空间有较大的差异，梵宫希望展现佛教本源的建筑元素，风格东西交融，最后的呈现效果也与当时的审美有关。汉宫则更多地体现汉民族的文化，与引领中国梦、复兴中华民族文化的时代背景等有一定的关系。作为设计师和艺术家，我们都在呈现民族文化美的一面，从中国传统的文化当中汲取营养，并加以传承。"传承"，我觉得有很多种理解，一种理解是延续一个记忆，另一种是传承一种文化，其中也包括当代性的体现。

钱：谈到传承，中国历朝历代都建设宫殿，是每个时代中国建筑的主要代表。当代虽然不新建宫殿了，但风格传承却在继续。回想一下梁思成那一代在西方留学的建筑师，回到中国后作了很多尝试。现在称为折中主义或者民国风的那批建筑，譬如中山陵和中山纪念堂等，用了很多西方的建筑材料和建造方法，尝试将中国传统建筑的木结构改为现代的、耐久性更好的钢或钢筋混凝土结构，但表现的主题仍然是中国元素，传承的是中国特有的建筑样式。当前已经进入了以"讲中国故事、提升民族自信"作为主旋律的时代，建筑也有传承中国传统建筑文化的需求，为我们作这方面的尝试提供了很好的机遇。怎样继承理念而不是故步自封，怎样发展这些元素和建造法则而不是照搬照抄？汉宫设计中有不少具体实践。

⊙空间组织

蔡：汉宫游览会带给人们很多惊喜，这一系列的空间是如何营造、如何组织起来的？

鱼：建筑中的室内空间是需要建筑师和室内设计师共同来进行设计的，我们的方法是双方在建筑设计阶段就全方位合作，室内设计师配合建筑形成初步的室内空间形态方案，或者我们称之为室内的整个空间逻辑，也就是我们想让人们在建筑中如何感受，有什么情绪起伏，获得怎样的体验。

钱：老子把建筑比作器，室内空间就是建筑营造出来的有用的部分，供人们使用，和人们的关联也最密切。室内空间的形态能给予使用者最直观的感受，汉宫注重各个室内空间的特色性，作为主要空间的厅堂，其形态也有意识地差异化。先祖堂为八角形，汉文化大会堂为圆形，先圣堂与先贤堂为矩形。每个主要厅堂都有辅助空间来引导，从接待大厅至水下长廊，从先祖堂序厅至先祖堂，从三汉雄风廊、中华先贤廊至先圣堂、先贤堂，从汉文化环廊至汉文化大会堂等。这些前厅同样形态各异，从文化内容、空间尺度、艺术装饰等方面都与主厅相互关联。空间的形态构成了人们对于汉宫室内的第一印象，它们之间的串联通过大小、明暗、高低等对比来实现对于游客情绪的调动。

⊙空间尺度

蔡：汉宫尺度巨大，从空间尺度的角度而言，中国传统建

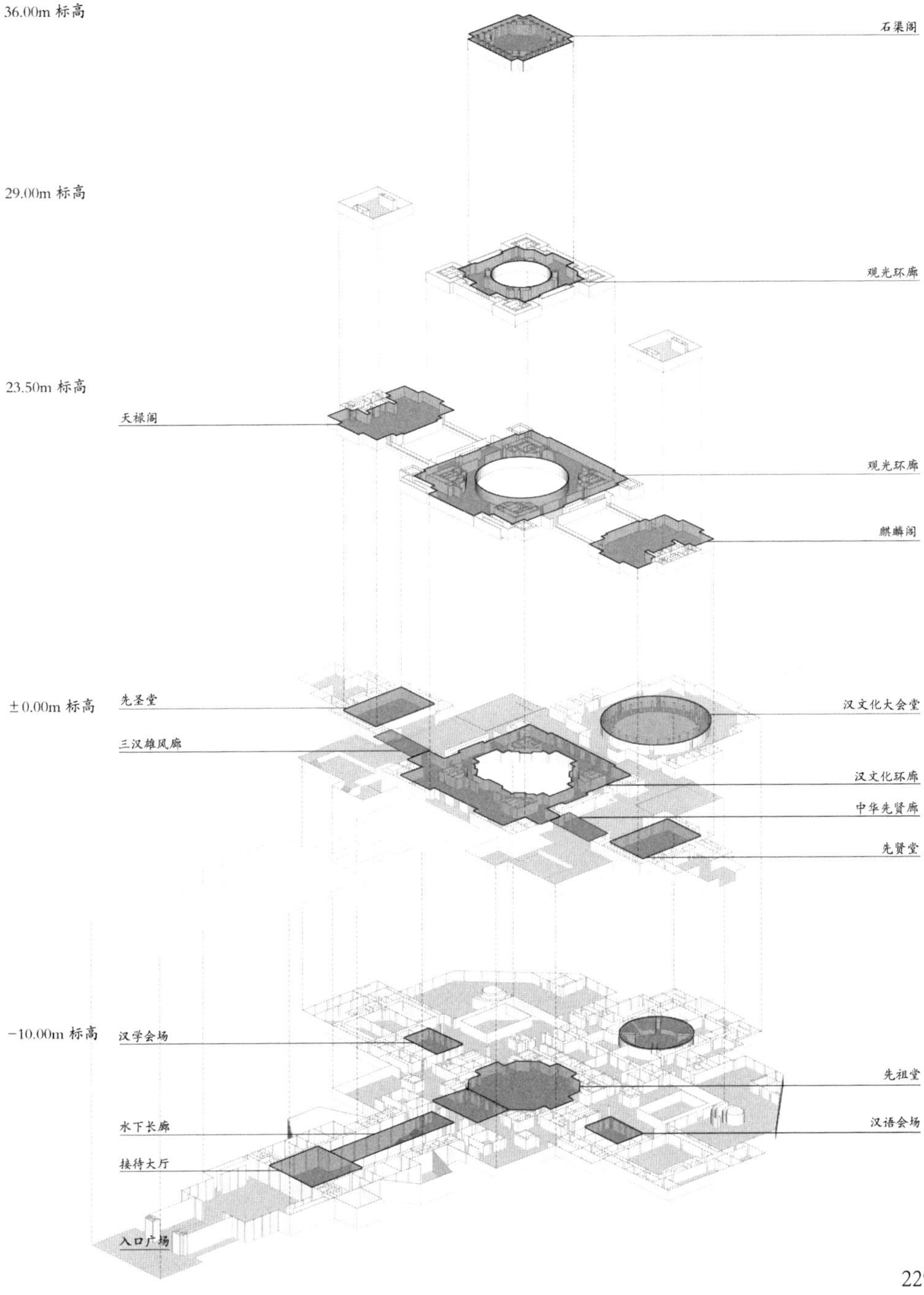

36.00m 标高

石渠阁

29.00m 标高

观光环廊

23.50m 标高

天禄阁

观光环廊

麒麟阁

±0.00m 标高

先圣堂

三汉雄凤廊

汉文化大会堂

汉文化环廊

中华先贤廊

先贤堂

−10.00m 标高

汉学会场

先祖堂

水下长廊

汉语会场

接待大厅

入口广场

筑并没有如此高大的室内空间，从室内外装饰的角度来说，现代建筑也没有像汉宫这么大的装饰构件。所谓"尺度"是怎样设计和控制的？

鱼：这一类大建筑的室内尺度其实也是一种建筑的尺度。因为建筑的室内并不是一个单纯的装饰设计，它其实是一个内建筑设计，是有别于外部空间设计的非常有序列感和自身逻辑的一个内建筑。让我印象特别深的是全场的脚手架子落下来的时候，有一个工人站在斗栱旁边工作的场景，当时这个瞬间让我想到的一个画面是梁思成和林徽因在佛光寺大殿房梁之上的那张著名的照片。和斗栱的宏大来对比，人显得非常渺小。尺度可以表达汉唐建筑独特的宏大气质，而这种气质在汉宫中也得以传承和展现出来。

钱：汉宫是一个大尺度的建筑，尺度上考虑的因素很多，包括与山水、城市、室内、材料以及与人的关系。譬如为展现汉宫的汉代建筑气势，构件尺度非常宏大，但同时中国传统建筑由于受到材料的限制，过于庞大就会感觉"失真"，缺乏传统建筑的协调之美，所以构建尺度的"大"需要控制在合理的范围之内。又如汉宫的室内需要大空间，建筑的尺度却不能一味放大，因为作为园林建筑，建筑尺度与山水比例的把握更为重要。为此，建筑作了一些化整为零的处理，汉宫建筑从南到北、从东到西都划分成三组，每个单体间通过桥和飞阁组织到一起，形成大的气势。同时利用汉建筑高台垒筑的特征，大体量的殿堂都藏于高台之下，达到了营造大尺度室内空间的要求。

⊙汉宫与梵宫、儒宫的差异

蔡：设计汉宫的建筑和室内设计团队在十年前合作完成了无锡灵山梵宫，在同一时期还设计完成了位于山东曲阜的大学堂（又称"儒宫"）。这三座建筑均为文化项目，在设计过程中是如何表现汉宫独特的文化调性的？

鱼：在设计汉宫的时候，最大的突破点其实就是三个字"大风歌"。这首汉代开国皇帝刘邦的诗代表了汉代这个伟大的朝代的气度和胸怀。设计中需要展现的建筑气质和感受，都脱离不了这三个字。

汉中地处西北，虽被称为"西北小江南"，但具有的西北地区的特征还是更多。在这个项目的设计过程中，希望更多地让人获得那种大漠孤烟的感觉。最开始的方案汇报文件花了很多心思，模拟把汉宫的建筑放在大漠当中，放到一片麦田当中，在汇报文件中放入了一些相关气氛的电影画面及配乐。那段音乐我到现在都记得特别清楚，来源是一部叫做《消失的建筑》的纪录片的片头曲，非常宏大。音乐让人联想到一种莫名的悲凉，听到的是大气磅礴后余温散去的感受。

最初的时候，在"大风歌"这三个字上考虑了很多，怎么才能表达大汉的气度和情怀？这是为了抓住和设计梵宫时完全

不同的创作感受。梵宫展现的是佛教传入中国的故事，更突出建筑的艺术性，表达方式也更多元，重点体现佛教艺术和中国本土艺术的结合。所以，它的很多元素很炫或者雕塑感很强，地域和风格都不受限。

儒宫是儒家的殿堂，希望达到的感觉既不是太震撼，也不是那么具有宗教氛围，体现的是中庸之道。让人感受到孔子的那种彬彬有礼的君子品性，"温而厉，威而不猛"这种不偏不倚的、很正的感觉，要把它从建筑当中读出来。具体在表现方法上，我们从材料质感和装饰手法入手，选择了很多细腻的、有岁月打磨感的做法，来体现我们理解中的儒家传统文化。就像我们采用了很多包浆的手法，没有那么多的雕梁画栋，只在柱角梁帮椽头的位置上有一些画龙点睛的包头装饰，让你眼前一亮。

汉宫从色彩上就能给你极大的视觉刺激，通过颜色的运用、宏大空间的展现，将人们带入这种气场之中，人们的一般反应就是马上会把声音放小，因为气场很强大的时候，人的自我保护意识就会加强，被环境震慑。所以这三个项目是三种完全不同的气质。

钱：三座建筑都是讲述中国文化的故事，虽然是由同一个团队来操刀，但讲的是三个不同的故事。建筑的外形正如三个项目不同的文化属性，具有较大的区别。梵宫的建筑外观讲述了佛教的莲花藏世界和五方五佛的故事。外部装饰元素较多，但色调比较统一，而室内装饰色彩十分辉煌，形成了很大的反差。儒宫的建筑依山而建，是层层叠叠的山地建筑，并不强调一种宏大的气势，而是强调依山而建、秩序与和谐的理想状态。汉宫体现汉中的汉文化，依托一个地方、一个朝代来集中展现汉文化的博大和深远的影响。三个项目分别将佛教文化、儒家文化和汉文化这三种文化在文化脉络和视觉形态上加以梳理，从而找到三个项目不同的切入点。

⊙汉宫的三个主要建筑间的差异

蔡：汉宫建筑群的三座建筑——汉文化博物馆、兴汉城市展览馆和汉乐府，设计中如何把握三者之间的差异？

鱼：与博物馆不同，城展馆室内运用了比较现代的处理手法，又将水流引入其中，空间比较纯粹。汉乐府是举行歌舞乐宴的场所，突出精致、典雅，大量运用了"柔"的元素，与博物馆的"刚"形成反差，让人联想到乐府诗集的诗词歌赋，是一处相对轻松也更文艺的汉建筑。

钱：从三座建筑的位置来看，汉文化博物馆是主体建筑，居中心，城展馆和汉乐府为从属建筑，在两侧，但在构图上都十分重要。三者在空间和流线的组织上有不同的趣味：汉文化博物馆是由下至上；兴汉城市展览馆是由上至下；汉乐府是游园路线串联。如此的游线设计主要考虑的是各自的文化特色：汉文化博物馆展现文化的博大与崇高；城展馆聚焦石门和栈道，讲述汉中的历史文化和当代发展；汉乐府通过园林和建筑的彼此融合，展现汉代生活中音乐、舞蹈和饮食的情趣。

⊙现代材料与建筑技术的运用

蔡：在将传统的建筑形式和现代建筑功能结合的过程中，是否遇到了很多需解决的技术问题，如消防、材料等方面？

鱼：譬如防火要求，汉宫在形式上具有汉代建筑的特征，实质却是完完全全的现代建筑，需要符合对于现代建筑的所有技术要求。因为汉宫建筑的很多部位是在地下，防火等级需要提高，所有的室内材料都必须要达到防火 A 级标准。一般的木质构件和装饰材料都无法使用，所以需要开发出替代的材料。汉宫室内的顶面采用了金属材料——4D 木纹铝板，非常逼真，后续也用于斗栱等各类艺术构件，最终在地下也呈现出一个"全木"的建筑空间来。另一种是 GRG 材料，室内顶部有很多云纹的图案，它的基础材料就是 GRG，这种加强石膏材料的造型感极强，可根据模具做成各种图案。梵宫圣坛顶部 1344 朵莲花瓣运用的就是这种材料，汉宫在 GRG 的基础上加了彩绘，取得了更加艺术化的装饰效果。

钱：汉宫是现代建筑，需满足各类现有规范，同时其汉代建筑的造型风格又带来了一些特殊性，需要重点考虑。如属于高层建筑的博物馆部分，建于山坡之上并且层层退台，防火设计很有难度。总体设计中在"坡顶"上设置消防道路，把南侧主体建筑和北侧大会堂分成两幢建筑，简化了防火体系。在一些细微的方面也作了针对性的考虑。如汉宫室内大门高度高，需要装饰，原则上就不在主要的大空间入口部位划分防火分区。这样可保证这些大门不需进行防火考虑，为其装饰创造有利条件。此外，针对汉文化大会堂的中心式舞台的特点，采用防水幕等防火措施加以解决。

专题三：建筑纹样

⊙汉宫纹样的风格定位

蔡：汉宫的装饰艺术华美精湛，用到了多样化的纹样，烘托出了大汉雄风的气势。关于纹样的风格定位在一开始时是怎样考虑的，汉的特征性怎么去把握？

冷：汉代现存的文物不多，建筑更是找不到了。我们专门去了湖北的随州、江苏的徐州、广州的南越王墓等汉文物出土最多的地方看当年的精美物件，然后一点一点提炼出需要的元素。汉朝长达 407 年，与春秋时期相比有了更多的艺术表现形式，如玉器、陶器、铜器、漆器和壁画，材质的工艺也更多，也有了更多贴近生活的记载。有了这些大量的元素以后，我们就能把汉代的气息表现得更浓。

风格的选择上有过对于宫廷艺术与文人艺术的考量。传统的观念中文人艺术的艺术价值是高于宫廷艺术的，但其实不该这样界定。中国文人讲意境，文人画飘扬潇洒，意境深远，但放到宫廷中就显得不太合适。宫廷艺术显示的是王权威严，是繁华富贵，所以宫廷画需要很细密、很庄严。对汉宫来说，宫廷艺术占的百分比较大，因为要去匹配这样的建筑和室内，匹配《大风歌》的雄风和气度，体现大汉文明的厚重与庄严。

钱：汉宫建筑的立面上有较多装饰，我们称之为艺术装饰件。确定各建筑的装饰主题首先需要进行文化的规划，汉文化博物馆、汉乐府、城市展览馆需要有符合各自特点的装饰主题。经过艺术主题的规划后确定：汉文化博物馆以"汉龙"作为艺术主题，汉乐府以汉代舞乐为主题，而城展馆以"汉中四宝"作为主题。

装饰的表达需要和作为表达载体的立面材料相结合，反映材料的固有特点。汉宫建筑立面有三种主要材料，分别是石材、木材，还有金属，针对三者的艺术装饰，分别请了三个制作的厂家来配合进行艺术件、样板的打样。

⊙汉宫纹样的图像设计

蔡：汉宫中有很多令人印象深刻的纹样，可以分享一下设计过程中的故事吗？

钱：图案的创作是装饰艺术件创作的第一步。以汉文化博物馆为例，在定下了"汉龙"的图形主题之后，对中国的龙文化展开了研究。龙文化在中国流传了几千年，具有强大的凝聚力，成为华夏子孙的纽带和中华民族的文化标志，是最具代表性的图腾。龙是中国古代的神兽，代表皇权，代表方位，也是中国古代最具代表性的纹饰之一。"汉龙"又代表着什么呢？如何体现汉代装饰特有的气质？从现今存留的汉朝玉器上的图案来看，西汉时期龙的形象为身体细长似蛇形，身尾不分，末尾白鳍，头部似鳄鱼，整体较瘦长；而到了东汉，龙体粗壮，似虎形，首尾分明。通过对"汉龙"的形象进行提炼，转化为不同尺度的纹样运用在汉宫中。

冷：为了保持建筑的整体风貌，同时也减少设计的工作

量，汉宫纹样上设计了挺多通用性的图案，比如说天花基本上用的全是流云纹，大面积装饰上都是采用的几何纹。我们考虑到土地给人的印象是比较浑厚扎实的，地面纹样就没有采用柔性的线条，越接近地面的纹样就会越敦厚、越方正；天是流动的，有云，因此越往上的纹样会越轻盈、越飘逸。我提供这些通用的基本纹样，由设计师来使用，根据装饰面的形状和材质进行调整，当然，可能在比例或者色彩上会有些区别。

只有在一些造型特殊、多种材料组合的地方才需要重新来设计，例如先祖堂地面的图案。这是汉宫里最大的地面拼图，它看似复杂，分了很多层次，但实际上所有展现的纹样的寓意都是太阳。中间是最早的太阳纹，外圈是代表太阳的金乌神鸟，往外是十二时辰，外圈是太阳的光芒和装饰纹样。纹样一共分了七层，都是跟太阳有关的图案，再往外变成了云海，云海之后再分八方，装饰纹样就这样一层一层嵌套出来。

⊙纹样适用性的判断

蔡：您怎么针对建筑外立面、室内和景观做不同的纹样设计？尺度上如何把握？

冷：室内的纹样类型丰富，有更大的灵活性。建筑外立面除了一些装饰性的纹样，大多采用比较雄浑的图案来呼应汉宫雄浑大气的整体气质。至于园林纹样，需要更精巧细腻一些。纹样设计一定要考虑到观看的视角、观看的距离，考虑到体验的尺度，这样才能呈现出所要的效果。

工艺的选择也要遵循类似的视觉原则，比如说从远处观赏的图案，纹理要深一点才能够看得清起伏。角楼上四条汉龙加一只饕餮的大铜雕的第一轮样板做出来以后，浮雕的起伏很小，擦色以后也不明显，看上去就是一块根据图纸锻造出来的铜板。后来我同厂家一起改进了工艺，在图案周边加了10厘米的围边，把图案从底板里脱离出来。这样做增大了加工难度，但改进后效果就出来了。

我的经验是纹样设计师最好能在建筑设计阶段就介入，以对建筑现场或者模型有深入的了解。在呈现这些纹样之前，先要进行1∶1的放样，只有挂到建筑上面去观看才知道合不合适。有时候对于建筑纹样的位置和比例的确定比工艺、材质还重要。

⊙艺术与建筑结合的意义

蔡：您觉得艺术设计和文化类建筑项目合作，从小尺度的独立艺术品放大到大尺度的建筑，对艺术品的创作是否也是一种边界的突破？

冷：这其实不是一个新课题。古代为什么要把寺院建得那么漂亮？因为建得辉煌才能吸引人，吸引到人才有机会去传经布道。西方的教堂，东方的庙宇、道观、皇宫、祠堂等雕梁画栋的建筑，都通过与艺术品的结合更好地展现了它们特有的影响力。无论东、西方建筑，一直都是艺术的重要载体。只是自

角楼铜雕
摄影：章勇

现代建筑席卷全球以来，以玻璃幕墙、轻钢建材为代表的快速建造方式被大量采用，雕梁画栋的仪式感建筑在慢慢减少，因为它成本高，周期长，不太符合现代的生活模式。但是作为文旅项目，对于文化传承而言，这是必不可少的。如果你再设计一个简单的空间去展陈的话，能留给后人去反复欣赏、探讨和学习的内涵就少很多了。

钱：艺术家对建筑的理解对于汉宫这样的项目而言非常重要。在汉宫的艺术件设计合作中，我们没有把冷老师他们当作纯粹的艺术家，而是当成我们的工程师，是项目团队中的有机组成部分。

在历史上很长的时间里，艺术家和建筑师并不是两种完全不同的职业，如江南园林大部分是文人和画家设计建造的。在欧洲，圣彼得教堂的拱顶是雕塑家米开朗琪罗设计的。同样，像汉宫这类项目，建筑师和艺术家的边界是模糊的，同时还要加上匠人和工程师的身份，如此才能做出一个艺术和建筑完美融合的作品。

专题四：当建筑成为表演的一部分

⊙汉文化的演出

蔡：关于如何去创造一系列属于汉文化的演出，建筑师和导演是如何解读的？

郑：汉宫有三台演出，室外的《天汉传奇》、汉文化博物馆的《汉颂》，还有汉乐府的《大汉乐宴》演出。怎样切中汉中汉文化这个点，找到和其他的汉文化演出的差异？

首先需将汉中与汉文化的脉落联系起来。按通常的理解，西安才是中国汉唐文化的代表。如何让参观者认可？需要把这个缘起讲述出来。顶层策划团队找到了"汉源"的文化基点来统领项目的文化主线。这也成为我们进行演出内容策划和规划的一个重要的抓手，确立了室内和室外三场演艺不同的文化定位，并为其确立了三种不同功能属性的形式定位——实景演出、室内秀演、文化体验演出，分别从多个维度入手，将在地文化与"汉文化"相互绑定。

钱：规划、建筑与演出有同样的文化脉络，才能集中展现其文化特征。真实的建筑成了演出的背景，让人们获得身临其境的感受。三台演出分别从三个侧面切入，所以也设计了三种观演关系，营造三种空间氛围，分别与三台演出对应。

⊙天汉传奇

蔡：汉宫是 2018 年多家卫视中秋晚会的举办地，室外演出《天汉传奇》给全国人民留下了深刻的印象。如何看待一场演出和建筑的关系？

郑：《天汉传奇》的舞台是在汉宫前的汉源湖水面上，2018 年的 5 月进行了一次试演，正式推出是在当年的 10 月 1 日。演出将汉代历史长河当中几个重要的时间节点，通过汉水仙女与主人公的主题对话，在水面上用 50 分钟时间把它有机地串联成场景故事。观众席在湖的南岸，能够容纳三四千人，体量非常大。与建筑的关联在于演出的舞台在汉宫南侧的湖面上，观众正面对着汉宫建筑群，演出以建筑作为背景。以建筑为背景的演出在中国有很多成功的例子，如在故宫午门举办的三大男高音的演唱会，在太庙前上演的歌剧《图兰朵》等，特殊的演出环境都给予了观众十分深刻的印象。为了使演艺的前景、中景、背景都呈现出非常好的层次关系和视觉效果，前期规划团队和演艺团队不断碰撞和融合，做了大量的设计，包括湖区环境和建筑之间的尺度关系研究与调整等。这应该是很顶级的舞台外景设计了。

国外一些古迹也有不少演出与建筑间的互动，比如：埃及金字塔、迪拜大清真寺，以灯光的展现为主；墨西哥的玛雅文化园区，是在古迹周围加入一些演员的表演，和后面的玛雅金字塔互相呼应。我们觉得这是一个很好的方式，让文化活起来，用表演的方式把故事植入建筑环境之中，你中有我，我中有你。与古迹演出不同的是，《天汉传奇》的建筑和演出是同步形成的，有很多东西需要共同去设计。观演关系、观演尺度和观演背景的融合，将表演有机地融入建筑环境中，活化了建筑环境。作为表演尾声的一个高潮点，灯光将汉宫打亮，建筑也参与到表演之中，打造了一个无限延展的大舞台。

钱：第一次见到《天汉传奇》是排练合成的那次。黄昏时分，我们坐在湖对面，中景是汉宫，远景是秦岭，场面很辉煌。然后慢慢地天暗下去，灯光亮起来，演出开始。建筑在这个过程中呈现出梦幻的感觉，加之人的演艺，把观众的情绪调动起来。我觉得这是建筑师和导演合作的成果，来之不易。第二次是2018年五大卫视中秋晚会节目的摄制现场，当时在建筑上方还有一轮大大的人工圆月，创造了天上宫阙的图景。中秋夜的汉宫与中秋节的氛围配合得非常好。就如同人会有自己的高光时刻，如穿上博士服参加毕业礼的学生，汉宫也有很多这类时刻，是由建筑师和导演共同完成的。真与幻，古与今，记忆与现实，对于这些方面的表达，建筑和表演能发挥不同的作用，在汉宫里，建筑和演出是一对相生的关系，哪一种更真实是一个很有趣的问题。

⊙圆形剧场中的《汉颂》

蔡：室内演出《汉颂》，建筑师给导演出了个难题——一个特殊的圆形剧场，如何去承载一台特别的演出？

郑：《汉颂》演出的文化定位偏重于汉中当地的汉文化表

达，有别于《天汉传奇》讲述汉民族故事的定位，其内容紧密结合汉中当地的历史文化挖掘，包括牛郎织女，张骞出使西域，还有明修栈道，暗度陈仓，这些历史典故都与汉中当地有很密切的关联。所以，我们将地域和时代作为两个演出的文化脉络的区分，并用司马迁记录历史的心路历程，倾情讲述。

《汉颂》的演出形式比较特殊，因为演出场所汉文化大会堂是一个圆形的空间。不同于常规镜框式舞台，圆形剧场的舞台被观众席包裹在中央，对演员的要求非常高。演员在常规剧场演出时，只看前方就行，而圆形剧场中演员的背后也是观众。演员和观众近距离接触，对他们的表演，对他们的服装、妆容、动作的要求都是非常高的。由于观众的关注焦点是在舞台中心，所以我们就最大化地利用天上和地下作为表演切换的方位，这对剧场上部和下部空间提出了高要求，超出了我们以往的项目。此外，因为汉文化大会堂具有会议模式、演出模式和参观模式，需摒弃舞台装饰感。常规剧场是不用考虑非演出期间的会议模式和参观模式的，就像太阳马戏团或其他剧场那样就是一个黑匣剧场，到演出的时候观众才进来，坐下之后看演出就可以了。这里就复杂得多了。

设计过程中，我们始终相信肯定有解决的方法，关键是把握住圆形剧场的特点。圆形剧场确实无法给演出以常规意义的舞台、后台、侧台以及上部的马道，无法方便地把场景道具藏起来。中心式舞台通常适用于场景简单而动态丰富的演出，如马戏、表演剧，但《汉颂》的舞台道具又非常复杂，如何处

汉颂牛郎织女场景
摄影：宋雷

理？只能利用舞台上方和下部的空间，但因考虑到剧场和主体建筑的关系，建筑高度受局限，所以剧场上部空间不宽裕，背后又没有可依靠的背景，四周都是观众，要在这里举行大型演出确实是非常不容易的一件事情。圆形舞台上的表演，演员需要面对各个角度的观众表演，保证每一个角度的观众都有同样的观演感受。然而，观众的视线长时间地聚焦在中心点，又会产生视觉疲劳。此外，短时间内大型道具的切换、演员的换场等舞台演出的必备需求，也是圆形剧场需要解决的重点问题。我们通过视角分析，发现问题解决的办法在于不断地去调动观众的关注点。采用大型纱筒就是其中一种解决方案，让观众首先把关注的视角向舞台上空分散一些，尽可能地让观众多维度、多层次地去体验。演出还延伸到了观众席的区域，让观众跟演员进行互动，这样可以尽可能地转移观众的注意力，为中心舞台的道具赢得换场的时间。又如我们当时在设计中增加了一个大型舞台机械矩阵，包括有十几块可升降的斗栱模块组合，也是在拓展舞台方面的创新设计。

⊙矛盾与协同

蔡：汉宫演出设计中，建筑、室内和演艺的设计团队是否有矛盾，又是如何协调工作的？

郑：我们原来做大型活动和演艺都属于命题作文，这一次则完全是定制化创作，需要和建筑团队、内装团队、规划团队充分结合。大家对于功能和艺术都有各自的诉求，最大的矛盾在于对空间的争夺。作为演出方，我们需要在把文化特色和效果最大化的同时，把技术设备对建筑的影响最小化，也可以说是在夹缝中求生存，难点主要在于"藏"。

《天汉传奇》表演的设备和演员通道藏到了水下，湖中舞台的硬件设备在白天需要尽可能地被隐藏起来，在视觉效果上呈现出隐形的状态。演出的设施藏在表演船上，多艘表演船不参与表演的时候，白天在湖边停放，本身就是非常有汉代特色的景观。这七艘表演船是我们第一次使用装置船作为表演的舞台，这个活动的水上舞台在体量上、在内容的展现上，在国内是首屈一指的。湖中央的表演舞台晚上是巨型舞台，而白天则呈现为一座复古铜器形制的水中平台。包括我们的投影基站也都进行了汉代文化符号的包装，成为一个景点。夜晚，进入到表演模式，所有的声、光、电、音像投影，包括大型表演船、动态机械、无人机等共同参与到表演中来。

室内演出《汉颂》的灯光舞台设备藏在室内顶棚上。位于汉文化大会堂中的《汉颂》演出有一个原则是建筑风貌不能打破，要遵守建筑内装的原有材质，并且将很多装置设备隐藏进去，成为建筑物和室内装饰的一部分。室内顶部的灯光设备和灯具要遮蔽起来有不小的难度，因此，在灯具选位方面，照明效果和装饰效果有不少矛盾。表面材料方面，剧场往往希望是一个黑匣子，投影面材料的颜色越黑效果越好。但会堂室内本身的材质和颜色属于建筑底色，并非投影的理想材料，光打在装饰材料上面会被吃掉很多，影像会弱化。怎么能够解决这个问题？最后，我们在尽可能不改变内装材料的前提下，在技术参数的设定上充分考虑这一因素，并增加投影机位，通过精细化的设置来满足影像效果。

⊙创新

蔡：协同工作之外，又有哪些创新？

钱：首先是观念的创新。起先，在观念方面有很多的矛盾点。对于导演来说，建筑是演出的舞台，是一个环境；对我们来说，演出既是建筑的加分项目，同时又不希望把整个建筑群变成一个舞台背景，成为虚构的道具。创新的方法是建筑师也需要把自己当作导演，来研究在特定空间表演的各种可能性，它既是一个建筑空间又是一个戏剧空间。艺术家在这个项目中也很难作为一个纯粹的艺术家，艺术家也是建筑师，需要主动考虑空间的营造。这是项目设计过程中，合作双方不断改造自我的结果。

解决了矛盾之后，我们很享受由此带来的空间创新。很多知名的建筑师都设计过舞台背景，这也是一种空间的创造。

室外演出《天汉传奇》运用了山、水、建筑以及天空作为背景，如此运用空间的方式本身就是与汉文化主题非常好的结合，因为"汉"的本意就是"天上银河，地下汉水"。天空是表演的一个重要元素。天上除了星空，还使用无人机模拟星光，包括中秋节的人造大月亮，这些特殊的道具都成了汉宫建筑环境营造的重要元素，在空中形成了更梦幻的人工场景。远山是另一个元素，观众进场看到的第一个场景就是汉宫的黄昏景，背景是几十公里外的秦岭，形成了画面的大进深感。水也是空间塑造的好方法，白天映衬汉宫的倒影，晚上则是表演空间的中心舞台的所在。

虚幻的舞台道具成为建筑空间的组成。演出船表演的时候是实体空间，背后水幕墙上的场景是虚拟表演，舞台是实体和虚拟空间的结合。室内的《汉颂》舞台采用圆筒纱作为虚拟介质，既可以投影成像，也可在圆筒纱中间进行表演，与圆筒纱外的舞台形成三层表演空间。狭小的中心舞台空间扩大了，视觉效果获得了加强。

郑：三台演出的舞台都有不同的创新，室外的《天汉传奇》的一部分演出在船上，水面中央设置一个圆形舞台，演员通过水下通道穿越到中心舞台。表演船可以在舞台周围穿梭，固定和流动舞台形成层次感。《汉颂》这一台室内演出的舞台在中央，观众从四面八方围绕着演员。汉乐府则全场都是舞台，观众是一边就餐，一边看表演，一边参与活动。

⊙特别的演出，特别的意义

蔡：如何看待汉宫这三台特别的演出？效果和意义在哪里？

郑：不同于一般的演出，汉文化博览园的三台戏都在特定的建筑环境之中，业主花重金打造的汉宫建筑能够成为《天汉传奇》的演出背景，我觉得真是挺不容易的。观众在白天感受建筑氛围，晚上，在湖边看整体建筑群与湖中的光影幻化，真正地实现白天和晚上亦真亦幻、剧中和剧外切换的感觉，给人的印象会更加深刻。把这个场景纳入到我们的表演当中，从效果来讲，也远远超出我们的预期。

我们的创作有几点体会：

第一是空间怎么利用，能不能通过我们的手段把它放大，让有限的空间变成无限的空间，这是我们进行场景设计的一个抓手。

第二是艺术表达方面，把建筑美学、空间美学、装饰美学、展陈美学和我们的演艺美学有机结合，发挥不同艺术的表达特点，让观众从不同的角度，通过多个维度来体验我们想传达的文化目标。

第三是方法，演艺的设计就像水一样具有适应性，不管剧场是怎样的空间，它给你提供了一个容器，你可以用自己的方法去融合、去适应，最终获得无限的空间的体验。

钱：难得有机会和导演共同创作演出空间。建筑师通过合作学会了更多地从视觉方面去营造空间，而导演也更多地了解了不同空间场景对于艺术表达发挥的作用，这是汉宫建筑和演艺设计带给我们的收获。

天汉传奇
供图：汉文投

札记

会

项目从无到有的这些年，难忘的故事太多太多，单讲讲开会这件事，也能说出一片你意想不到新天地。

"喜怒无常"的会

最快乐的会议是策划方案汇报会，会议成员的情绪经常会很激动。经过策划师与设计师对汉中历史文化的梳理，当地广为人知的历史故事转化而成的创意策划方案常常会点燃与会者内心的激情，他们或站起来，或移步到大屏幕前，提出种种新的思路。所有人的内心都是快乐的，这份快乐来自对汉宫的感情，来自将这张蓝图打造成现实的憧憬。开会时观察周边，常会看到桌边人会心一笑，因为汉中的故事和人物确实很有意思。这种笑，就是一种默契和文化共鸣。

会议中也经常有争吵。拍桌子、大嗓门，甚至因情绪激动，无法继续而中场休会，这些情况我们都遇到过。每一次争吵都无关对错，而是在不断创新和追求更好。大到园区的属性和运营模式、文化内容、功能分布，小到一个小客栈的装修风格、汉宫内部的一个挂毯壁画、丝路风情街门前的一个雕塑，都有过争吵。有时候，争吵之后，大脑会一片空白，转而想象未来西成高铁在汉中站停靠的时候，透过中央大街，人们遥望兴汉胜境、远眺汉宫的场景，不管如何争论，共同的梦想即将到来，于是心中的愉悦再次回归。

色香味俱全的会与百花盛开的会

有时候对于开会的记忆是美食。当会议处于僵持中或与会者都十分疲惫的时候，吃就是一个很好的过渡。每当这个时候，会议组织方就会安排服务人员步入会场，端上水果点心，让大家缓缓劲，整理一下思路。还有专为美食组织的会，那是为汉乐府的宴会食谱组织的品鉴会。那一次我们也是从西安匆匆赶到汉中会场，已是晚上十一点钟，大厨早已准备妥当，一道接一道的美食由不同的厨师团队呈上，先讲故事再品尝，最后打分。唇齿留香之余，了解到汉代的食谱上居然没有西红柿、土豆、玉米、花生，牛肉、马肉也很少见。彼时，西瓜、香蕉、苹果都没有引入，烹饪缺少香料来调味，真是难为主厨了！对于汉文化又有了更深的了解。

汉中的油菜花
摄影：刘旭

　　除了美食，还有美景。这些年，一年四季可谓人在哪，会在哪。在西安开，在北京开，在上海开，在无锡开，在高铁、飞机上开……春季在汉中可以看到中国最壮观的油菜花海，几万亩连成一片，把汉中映衬得美不胜收。初秋在无锡拈花湾开会，梵天花海的向日葵、醉蝶花铺满了山坡，与小镇相映成趣。但印象最深的还是北京冬季的雪花。北京的丽思卡尔顿酒店（后简称"丽思"）是开会据点之一，几次在丽思开会都是冬季，且恰逢圣诞，节日碰上重要的项目节点，因而更加难忘。记得丽思主入口摆放了一棵高耸的圣诞树，那次汉宫内容体系梳理会开至深夜，成效斐然。结束后，天空突然下起了雪，雪花大朵大朵地飘到圣诞树上，再落到地上。在暖黄色灯光的映衬下，雪花显得温暖而晶莹。仰面感受着飘雪，既欣慰又动容，在那个圣诞夜，所有人的内心都是暖的。丽思的会议室里发生了很多汉宫的重大事件——确定内容体系与流线；确定汉文化大会堂的规模和文化内容；确定《天汉传奇》盛典演出等。兴汉胜境在汉中，而围绕兴汉胜境的会议，遍布大江南北。这或许就是一场全中国的智慧集结号，也因为花的缘故变得充满诗情画意。

　　开会是一件很有仪式感的事情，是集聚所有人的智慧进而迸发出一股新力量。这几年间的无数次会议，对于每个人来说，都弥足珍贵。这些会议，是财富，也是精彩的人生经历。

酒

喝酒是一种仪式。中国人的事大都是从喝酒开始的，尤其是特别难办的事。

所以，印象深刻的除了项目，就是酒了。记得项目之初，有一次坐汉文投的车历经四个小时到达汉中时，已经是晚上11点多了，趁着夜色穿过安静的小城市，到达的目的地不是酒店，而是汉文投办公楼的露台。那个现已拆除的老楼屋顶上已经放上五六桌酒菜，业主老板赶来迎接，觥筹交错，把酒言欢。

都不记得为汉宫的设计参加了多少次欢迎、研讨、汇报、庆祝的酒会了。这一次有些不同。因为在屋顶上，黑漆漆的夜里可以看到的是头顶的星空和远处南面的巴山、北面的秦岭，虽然还是那酒那菜，却平添了几分豪迈之情。

做汉宫以来，总希望能以不同角度看一下汉中，去寻找一下一千多年来这片土地的脉络，酒文化也是其中之一。这千里平原，历来少不了酒，刘邦兴兵也少不了酒，不然怎么会有"大风起兮云飞扬"的豪迈。汉代还没有椅子，饮酒的人一律坐在地上，但喝完酒的高兴劲应该是一样的吧。未来设计的汉乐府是否能呈现这一幕的场景呢？

借助酒可以建立与神与祖先的联通，想象未来如何在先祖堂、先圣堂、先贤堂书写先人的风采；借助酒可以打通人们内心的关联，在汉乐府和城展馆中表达当代人的喜乐。

或许这种感觉要从酒里寻找，而设计又需清醒时靠一笔一划表达出来。酒桌上，面对着远山，喝酒的和不喝酒的设计师都找到了刚刚好的感觉。

做汉宫以来，研究的东西已不少，从汉字、汉艺、汉学到汉纸、汉茶、汉舟，酒桌之上临时抱佛脚研究了一下汉酒。一千年前，中国人发明了蒸馏法，从此，白酒成为中国人饮用的主要酒类。今天酒桌上的酒大概与一千年前的宋代相仿，而与汉代的酒有所不同。据说汉代的酒曲发酵能力较弱，所以酿发的酒度数不高，并且因为酒曲的关系，有可能呈翠绿色。如果现在酒杯里是3度左右的绿绿的茶一般的酒，我们或许也能千杯不醉，何等豪迈？

中国人喝酒其实不同于西方人，不太注重欣赏酒本身，而将酒当成一种工具。或敬祖先，或敬贵客，或敬自己，这一点千年不变。汉文投露台上的杯中酒，同千年前汉军将士的杯中酒一样，是一种壮行酒。走出一片平原，前路被高山阻隔，而山的另一面是什么无人可知。是西汉的成功还是蜀汉的失败？管他呢！比起这些来，我们做的事虽然也难，但无关天下。何况刘邦虽有成就，不还是常被写成阴险之人，诸葛亮虽失败，但也"常使英雄泪满襟"？

所以团队之中能喝酒的人尽管喝吧，将进酒，杯莫停，喝完也就凌晨一点多钟，别忘了回酒店去改PPT就行。

在工地修改方案图
供图：圆直设计

汉宫石材细部
供图：圆直设计

琢磨

营造与匠人
样板
石作
木作
灯光

⊙ 札记
⊙⊙ 设计师的雨靴
⊙⊙⊙ 工人的智慧
⊙ 汉中人的期待

营造与匠人

　　中国传统建筑的营造技艺几千年来一脉相承，作为中国文化的一部分，传递着人、自然与技艺三者之间的和谐。汉宫是一座传承汉文化的建筑，营造汉宫的过程是一次对于传统技艺的探寻。对于远超传统木建筑尺度的钢筋混凝土现代建筑，传统建筑营造的思维和方法是否还适用？

　　2009 年，"中国传统木结构建筑营造技艺"被联合国列入人类非物质文化遗产名录，对传统营造技艺的研究也逐渐到达了一个新的发展阶段。这不仅是对建筑多样性的历史传承，更重要的是以当代的眼光，从传统技艺中发掘今日可以借鉴的营造智慧，使传统营造的智慧在当代建筑上得以存续与发展。

　　传统营造的智慧首先体现在化整为零的"模数化"建造上，这与中国木结构建筑的特点有关。《营造法式》中有言："凡构屋之制，皆以'材'为祖。"所谓"材"，就是标准的木材。传统建筑的建造施工已经实行标准化的设计和模块化的构

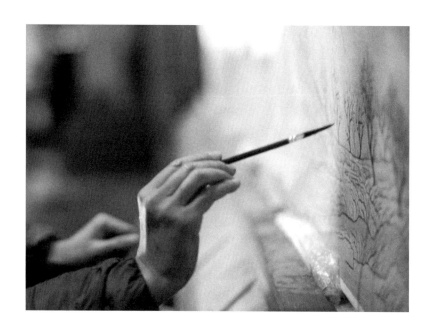

建，采用了"模数制"。建筑虽有等级之分，但均可按照"标准化"的模式建造，"凡屋宇之高深，名物之短长，曲直举折之势，规矩绳墨之宜，皆以所用材之分，以为制度焉。"[1]《营造法式》中对"标准材"的断面尺寸（如梁、柱）和构件的长度（如栱）等有严格的规定，同时还高度科学地将模数构件根据受力性能分为 8 个等级，用于规模大小不等的建筑。建筑的一切大小构件，均以"材"为基础，由此推导出各处构件要素的具体材分值。这种标准化、模数化的设计模式，是中国古建筑留下的宝贵财富。

传统建筑营造的智慧还在于营造是基于气候时令的。建筑通过顺应自然、效法自然等营造观念形成与自然的深度连结。在自然环境中构建适宜的建筑，四时有景，舒适宜居，主张因地制宜，契合当地自然生态。营造也是基于文化的，透过建筑装饰审美的演艺，从空间色彩、材料等方面展现民俗信仰、历史文化、生活理念与审美情趣等，以诗意的营造给予人丰富灿烂的精神感受，体现出人文关怀。营造还是基于科学的，通过对建筑的形态与构成的精细化设计，不仅能够合理有效地进行建造，还对资源的节约利用和防火防灾予以充分考量，使自然—人—建筑以技术发展为脉络得以延续。这是传统营造技艺基于儒释道等学派思想，在营造过程中结合当地环境，形成的适应环境发展的建造理念，对于汉宫的可持续发展设计具有借

---

1. 李诫《营造法式》

鉴意义。

中国传统营造技艺作为一种以匠人为核心的活态文化遗产，其内蕴含的技艺经验、文化精神是不依赖于物质形态而存在的，这种动态的技艺需要人们的传承才能延续下去[1]。中国是工匠历史最悠久的国家之一。2700 年前，齐国政治家管仲将"士、农、工、商"归纳为社会的四种基本职业，其中的"工"指的便是工匠。两千多年来，匠人这个群体在漫长的历史中留下了无数精妙的营造技艺和匠心作品。他们的敬业、专注、创新汇聚成强大的"匠人精神"，鼓舞着无数后来的从业者。

汉宫从设计到营造的过程中，工程师、艺术家、忙碌在工地现场的各工种的工匠、奔波在组织工作中的工程管理者……通过每个参与者用心、专注的付出，才最终将汉宫从设计蓝图上的唯美画卷转化为身临其境的宏伟宫殿。老子有云："天下大事，必作于细。"选材、放线、砌筑、收口……每个部件、每道工序都精益求精，每个细节都一丝不苟，才能令"大汉风华"的气势得到完美呈现。

"专心致志，以事其业"。工匠专注于作品本身，对技术及细节的雕琢精益求精，让作品成为专业精神的物质性呈现，这是亘古不变的匠人内核。在此基础上，借由新技术、新事物达到新的工艺流程和标准，结合新时代而变化的是工匠作品呈现的方式与技艺的更新换代。当代"匠人精神"摒弃的是因循守

---

1. 张金菊 . 香山帮传统营造技艺的绿色思想研究 [D]. 苏州：苏州大学，2020：7.

旧、拘泥一格的"匠气"，提倡和强调的是坚韧、专注和巨大的热情，其中还饱含着突破藩篱、追求革新的创新内蕴[1]。

　　汉宫是艺术与建筑的结合，是古今融合、带有本土文化和审美内核的创作，是一次展现新时代"匠人精神"的有益探索。汉宫的营造者们以力求完美的精雕细琢与结合当代技艺的匠心处理，使传统营造技艺又一次绽放了新的光芒，展现出了汉文化绵延不息的生命力。

---

1. 徐耀强. 论"工匠精神"[J]. 红旗文稿，2017（10）.

样板

　　制作样板是一个固化及检验设计构想的阶段，用来确保落地实施效果，复杂的建筑项目一般都有这样一个必经流程。对于精品的文旅项目而言，需要通过样板来检验的内容比一般项目多得多，样板也就扩大变成了一系列的"样板段"。汉宫建设过程中的样板段更是一个大工程，是一道首先需要攻克的难关。

　　关于样板段的建设，最先提出质疑的是施工总包单位。样板段的实施，是在常规施工流程外增加了一道前置工序，涉及工期、成本、材料等方方面面的问题，每个环节的实际操作都具有相当的难度。因此，"到底要不要做样板"以及"到底做多少样板"这一议题在几次重要会议上都引发了激烈的讨论和碰撞。然而，汉宫面对的是特殊的建筑形式、空间尺度、材料、细部和大量的多专业统筹以及难以预估的造价和时间，汉宫的样板段建设势在必行。

　　最终，建筑师选择了五个极具代表性的样板实验段，分别用于检验阁楼、角楼、辅楼、飞虹、柱廊这五个典型的建筑宏观形态和细部做法。样板段的个数和范围都经过了严格选择和优化，通过几百平方米的样板段，就可起到对 10 万多平方米的建筑立面的总体效果、材料、多专业统筹、施工顺序和周期、造价等方面的把控作用，正是"磨刀不误砍柴工"。

检验比例是样板段的一个重要功能。汉宫集合了文化艺术、会展演艺、研学体验等功能，其建筑体量和空间复合度比一般的传统中式建筑大许多，经过近两年时间"纸上谈兵"的平面模拟，对于汉宫的总体天际线和比例有了些把握，但对于非常规的建筑局部，那些高耸的角楼、阵列的柱廊、巨大的坡顶、精美的斗栱等，并非只是将既有范式简单放大，而是需要通过样板段实物来让设计师再创作，进而检验和优化。

推敲材料是样板段的另一重要功用。中国传统建筑材料有章法，瓦作、木作、石作以及雕、构、绘、塑都需做到有依据，不怪异。然而，作为大尺度、大体量的现代建筑，汉宫还需满足当代公共建筑法规，符合结构力学的要求，而诸如防火、大跨度等要求是传统木结构材料无法胜任的。因此，汉宫主结构为钢筋混凝土结构，建筑装饰采用了传统材料和部分新型材料，以确保建筑的功能性、艺术性、精致度以及耐久性。传统材料与新材料的碰撞融合在图纸上仅仅是确定方向和思路，真正要确保落地效果，则必须眼见为实。如建筑高处不被人们接触部位的木结构和装饰就采用铝板替代，铝板表面的 4D 木纹效果经历了对近 10 种不同实样的研

汉宫室内木纹铝板样板

供图：汉文投

究才确定；主台阶的栏杆石材切割拼装的细节也修改了若干次……经过样板的多轮推敲、反复比对、细腻调试，汉宫的材料才最终达到了设计意图。

样板段的要求是尽可能做大做细，只要现场条件允许，就完全按照最终效果及工艺进行1∶1的同样大小、同样位置的真实呈现。这是因为汉宫项目同时有多家施工单位参与建设，而不同的施工单位对于汉宫的工艺有自己不同的标准和施工习惯，若不提前进行全面细致的统一，建成后的成品将会五花八门，势必极大地影响项目的整体品质。"细节决定成败"，通过样板段的制作，对于所有的材料交接、细部处理都提出了具体的品质要求。以样板段为起点，整理出了一套通用于整个项目的营造规范，从而确保了汉宫的尽可能精致、精细、精美。

样板段除了要"细"，还要"全"。一个小小的样板段，从结构保温到泛光照明、艺术构件等，全都需要按照设计意图进行"全专业全呈现"。样板段是全方位检验建筑落地效果的最有效手段。以汉景柱廊样板段为例，就涉及建筑结构，建筑防水，屋面幕墙，屋面排水，木作斗栱，石材柱体，铝型材造型，石雕、木雕、铜雕，藻井彩绘，灯光效果，廊下座椅，廊下铺地等工序。仅"6m高的整块细长条石材"这一柱廊外挂材料的要求就难倒了多个深化实施单位，花费四个多月时间，多次试验才破题。而正是因为提前做了样板，才没有因为这个技术难题而耽误整个汉景柱廊的实施进度。由此可见，样板段

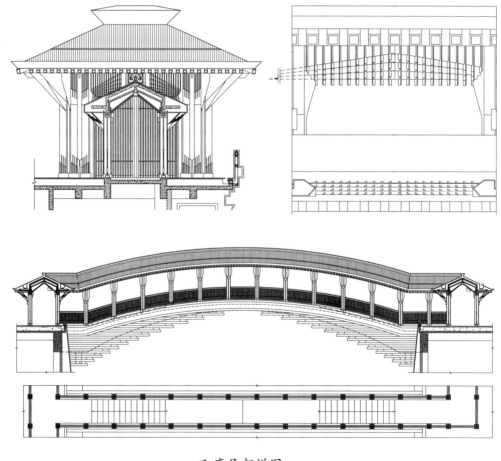

飞廊局部详图

汉宫样板段局部大样图
供图：圆直设计

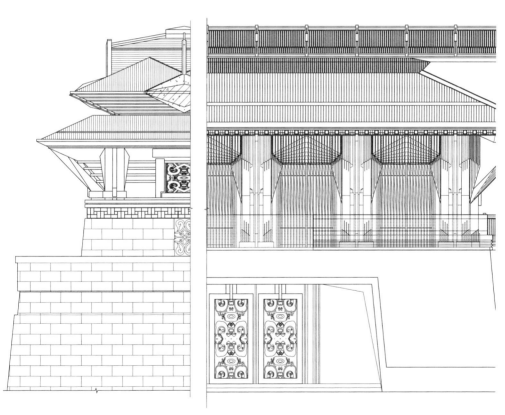

角楼及廊亭局部详图

汉宫立面样板段夜景
供图：圆直设计

是在项目大面积开展前解决细部问题、摸清实际难度、评估准确时间和成本的必要手段。

　　整个样板段实施的流程前后错叠，持续了约一年多的时间，与工期节点和总体工程进度不断"打架"。对于建筑师而言，不完成样板段且经过最终效果确认就不能开展大面积施工是一个原则。项目团队同心合力维护了样板段的权威，在保障效果的同时达到了时间和成本的共赢。历尽千帆，在汉宫落成的今天，回首样板段制作这一非常规经历，其价值和经验是弥足珍贵的。

石作

　　湖北随州，吴山脚下，在黄金麻矿场里，施工方摸索了三个多月才终于找到符合设计要求的立面石材。"把每块石头都当艺术品来做"是施工方花了百余日研究汉宫石作工艺后得出的评价。汉宫立面上近10万立方米的石材中，每块石头都经历着从随州吴山到汉宫筑台的一个蜕变升华的过程。而这个过程本身，就是一部用智慧和汗水日夜书写的当代"考工记"。

　　汉宫厚重的高台并不是由石材砌筑的，而是通过干挂的方式用石材来装饰外立面。由于石材覆盖了汉宫一半以上的立面，其表面质感成为立面设计的重点。是现代还是古朴？细腻还是粗犷？经过反复的尝试和论证，汉宫高台的形象逐渐明晰起来：只有朴拙、沉稳的基座，才能呈现力量感，才能承托住上层精致华美的木构阁楼，才能在整体表达上富有力量感地烘托出建筑群的大气象。这就要求石材在凿出毛面肌理的同时不能有过重的人工处理痕迹，每块石材都需要呈现自然起伏的毛

面，且无重复的肌理，从而达到远观整体如自然崖壁、中观有肌理起伏、近观充满细节变化的效果。

为达到自然的表面肌理效果，操作过程中着实费了一番功夫。工人们首先尝试用机器来处理，这是加工立面石材的常规做法，却在第一批石材挂上样板段时就立刻被否定了——自然起伏的感觉，恰恰是刻板、精确的机凿很难做到的。于是，工人们转而进行人工劈凿。使用这种加工方式，大部分石材的表面效果能够达到设计要求。然而，人工劈凿的破损率太高，竟有将近一半的石材成为废料。如此巨大的浪费对成本控制而言是完全不现实的，人工劈凿的方法面临着被淘汰的风险。

艰难的局面在坚持不懈的探索后迎来了转机。几位主要负责劈凿的师傅，在反复的摸索中找到了规律。他们逐渐能够在大量黄金麻原石中分辨出石材纹路的区别，并从中挑选出能够劈出自然起伏的表面肌理且破损率较低的优质原石。经过这几位师傅过目比对、触摸挑选出的石材，才能够做出符合设计要求的效果，并且将石材损耗控制在正常范围之内。于是，相较于其他工程，汉宫的石材在上山采石之前多了一个"认石"的步骤，经师傅"认"过的石材，才能从山上运回工厂，进行后续的劈凿加工。一块厚石材用锤斧从中间对劈，在成功劈开的最后几锤后，石头会发出吱吱的响声，顺着纹理自然裂开而形成两面天然的自然毛面。这神奇的一幕中闪耀着工人们的智慧。

艺术效果的背后总暗藏着许多工程和技术的难题。在汉宫建筑基台的干挂石材做法中，由于可用荷载条件有限，黄金麻的平均厚度必须控制在4.5厘米以内。对于外立面石材来说，这并不是一个宽裕的厚度，在这样的厚度限制下，还需要实现自然起伏的肌理表面，则更是一个有挑战性的课题。一开始，工人们采用了常规做法，以8厘米厚的石材为基础，逐渐打薄劈削至4～5厘米，此做法加工的石材厚度符合要求，但不一定精准，且加工损耗量巨大。后来，工人师傅尝试以9厘米的石材为基础，将其对劈，劈开的两面均为自然面，立体感强，且平均厚度十分准确地控制在4.5厘米。如此操作，兼顾了效果和荷载的需求，且对劈而成的两块石材均可使用，从而使石材的损耗量降到最低。

石材的色差也是工程中需要解决的重要难点。"黄金麻"这个名称泛泛地概括了该种类的花岗石，虽然总体而言是暖白色的石材，但实际包含的颜色区间很广，可在暖白色的基调上偏棕黄色、偏灰色、偏白色等，存在各种差异。对于汉宫而言，石材颜色存在一定程度的差异是可以接受的，色彩的微差能够令建筑表面更富层次感，增添自然生动的气韵。然而，汉宫建筑主体量太大，石材来自多个矿山，如何保证石材颜色整体的稳定性成了一个难题。

样板段对色差的控制发挥了重要作用，经过前期多次样板段试验，确定了色彩选择的上下限标准，为石材的挑选规避了不少弯路。同时，设计师、幕墙顾问和石材矿场的师傅们反复沟通，集思广益，通过调整幕墙施工组织顺序的方

立面石材色差离散
摄影：章勇

法，来解决不同批次石材的色差问题。幕墙顾问制定出批次石材上墙的施工组织计划书，比如开采时间相近的每 5 批石材打散分布于建筑立面上，而非将同一批石材集中于一处安装等。通过混合调色般的打散重组和"时间差"战术，批次石材间的色差得以最小化，从根本上保障了石材立面的整体性。

转角整石的做法是使石材立面显得整体而厚重的诀窍，整石强化了建筑的体量感和形态的雕塑感。但是转角整石的工艺免不了费工费钱，一块荒料只能切出一块"L"形的转角整石，耗材量大。而汉宫的转角整石还另有讲究：首先，转角整石的表面需要劈出自然面的效果；其次，汉宫台基的造型是 1∶10 的斜墙面，转角整石不是横平竖直的，转角处的两个面都带有倾斜度，因此，加工起来就是难上加难。斜向的转角石材必须在 L 形整石进行机器斜度劈削之后，再人工进行自然面的加工。可以说，每一块斜向转角都是手工精品。

关于石材的拼缝处理，也是曲折颇多。立面设计从一开始就排除了打胶的拼缝处理手法，因为胶合达不到石材垒筑的外观要求。于是，石材详图中提出了企口的处理方式。企口做法对于普通石材而言并不复杂，但要在 4.5 厘米厚的表面自然起伏的石材上实现企口工艺，就实在不是件容易的事。如何避免将石材打爆打裂？如何保证石材边缘的自然起伏？最终研究出的解决方法是对每块石材的制作工序进行调整。将 9 厘米厚整石对劈之后，先打龙骨背栓，最后再进行企口的切割。这样操作，既可减少耗材破损，又能使石材边缘的起伏更加自然。"世上无难事，只怕有心人。"调整制作顺序之后加工而成的石材呈现出的效果和质量，令加工的工人师傅备感骄傲。

　　汉宫筑台石材的研究过程持续了近一年，最终实现的效果可称得上"无为"。"无为"并非什么也不做，而是做得自然，做得无形，使人感觉毫不费力。石材要达到自然朴拙、浑然天成、不事雕琢的效果，需要非常艰苦的探索和努力。汉宫的高台垒筑离不开每一块考究的石头，而每一块考究的石头都离不开设计到施工环节中精益求精、不言放弃的每一个人。

木作

木作是中国传统建筑工艺中最核心的部分。汉宫虽然不是木结构建筑，但在建筑形态上展现了中国传统木结构建筑的基本特征。

远观汉宫，建筑主体呈现出泾渭分明的三大层次——屋面、墙身、基座，正是中国古建筑经典的立面三分构成。汉宫建筑组群意在体现汉家建筑之大气舒展，建筑立面自下而上逐渐由厚重到轻盈。墙身木作既是屋面与基座间的过渡，也是最为贴近常人视角的构成部分，是建筑立面设计的重点。

木作分为大木作和小木作。大木作是指古代中国木构建筑的主要结构部分，由柱、梁、枋、檩以及斗栱、翼角、举架、额等组成，是建筑的承重部分。汉宫将斗栱、雀替等作为立面形态的构成元素，对其进行了创造性的提取加工后呈现在建筑上，成为汉宫的重要特色。

斗栱是中国传统建筑的符号之一，斗和栱均为中国木结构建筑中的支承构件，设在立柱和横梁交接处。其中，从柱顶探出的弓形肘木叫栱，栱与栱之间的方形垫木叫斗。斗栱是古建筑大木作中颇具代表性的必备构件，其同时承载了力学作用与美学构成，可称得上是古人的伟大创造。那么，什么形制和风格的斗栱是汉宫需要的呢？纵观古今，斗栱的历史源流可称得上百花齐放，大汉之简约，唐风之飞扬，宋韵之精致，明清之繁复……设计师们展开了艰辛的探索，最终，汉宫选用了中国早期斗栱的前身——"斜撑"这一特殊形制。由于木材的耐久度低，斜撑在现今遗存的古建筑中并不多见，汉宫的斜撑灵感源起于汉画像砖，简约、舒展的斜撑作为早期的斗栱形制，在画像砖中所记载的汉代阙楼等仪式性建筑中多有采用。画中的斜撑表现得简单、概括，缺少细节层次。因此，设计团队经历了多次草图细化和三维模型推敲，进行了二度创作后运用于建筑之上，将斜撑这一汉代建筑的特征元素立体地呈现出来，成为汉宫立面上最重要的装饰母题之一。

　　雀替是另一个艺术化的木雕构件，体现出了建筑的精美做工和雕刻风格。中国木雕根据地域大致可分为"南派"和"北派"，有着不同的历史传承。两大流派的不同风格令项目团队在选择时犯了难。汉宫是一座在传统基础上的创新宫殿，不完全受地域的局限，追求大汉雄风的韵味成为选择的标尺。于是，一场精彩的比拼开始了，由一南一北两位顶级木雕匠人带队，分别打造两个1：1的雀替方案，进行现场比选。从业主、灵山集团的领导、设计师到现场的木雕工匠和现场的工人

图一（上）雀替加工过程
供图：汉文投
图二（下）雀替品样
供图：圆直设计

都成为这场打擂的评判人，有着各自的话语权。南北派木雕都极致地体现着中国雕刻工艺的精美绝伦，在一片赞叹声中，北派雕刻风格以其更在地的风格和更朴拙的气质成为最终的选择。

汉宫的木作材料分为两大部分，由于当代法规的材料要求，建筑的一部分木作以4D木纹铝板来模拟木材的视觉效果，但近人尺度考虑到实际的触感体验，还是实实在在地采用了传统的木材。选择怎样的木料可谓纠结良久。灰瓦屋顶与黄金麻基座之间的木作选材，是一项关乎"色调搭配"的复杂议题，涉及多个层面的考虑：从设计的角度而言，要确保木作效果呈现的经典性；从工程的角度而言，要确保材料经久耐用，维护便利；从项目的角度而言，要经济合理，确保成本可控。进行了多轮材料的对比研究后，从大量木料中筛选出非洲柚木与非洲花梨，作为最终的对比选项。最终，非洲花梨以其浓郁、沉稳的颜色优于稍有"黄调"色相的柚木系列，成为汉宫木料的首选。

木料用漆称为油作，也是大有学问。如何避免刷漆后的实木失去独特的颜色和纹路，关键在于漆料的选择和自然氧化的过程。真正好的漆料犹如少女的淡妆，清薄通透，通过长时间的氧化才渐渐沉淀出木料真正的质感。然而，清漆处理后的非洲花梨有一个问题，在一开始是不太能被人接受的——花梨木初上漆后，成色发红，大面积的类似红木的木材效果与设计预期效果相去甚远，令参与选材的各方大感惊讶。但也正是这款材料的"变色"特性，才使得其色调可在岁月的沉淀下越发浓郁，养出最沉稳的熟褐色泽。

　　顶着无数质疑，在开园后的半年，汉宫的木材终于从色调到质感都熟化成了理想的模样，厚润而自然，赢得了各方参观者的赞赏。未来，汉宫木作将在时间的打磨下，不断呈现出更优美的状态，而这也正是建筑木构最大的魅力之一——历久弥新。

灯光

当夕阳西下，暮色四合，星星点点的灯光亮起，夜幕下的汉宫呈现出与日间不同的气质。以汉宫为中心，辉煌灿烂的建筑灯光绵延开来，与山水园林的灯光错叠呼应，点亮了整个兴汉胜境。

汉宫的灯光设计并不是件容易的事。天安门广场、颐和园万寿山及布达拉宫都是古代传统的建筑群落，本身没有灯光的考虑，后加的灯光多为远投灯，即在远处通过不同角度的多束强光将整体照亮。而汉宫建筑群是现代建筑，灯光是建筑重要的组成部分，需要建筑、景观、室内一体化的统筹考虑，才能拥有符合建筑群特点的灯光表达。

对于汉宫主体而言，夜景泛光首先要表达的是建筑"三段式"的重要特征。屋面需突出屋顶的形态，基台强调厚重的体量感，而墙身部分需展现细腻的层次感……不同部位的灯光设计在其针对性的表达中尤见功力。

灯光设计需要着重突出建筑的细部特征，在汉宫的建筑墙身设计中，柱与斗栱被结合成一种独特的艺术语言。层层叠叠的"人字栱"是建筑造型语汇中出镜率最高的一组装饰单元，充满韵律之美。经过建筑师与泛光设计师的不断研究与碰撞，这一细部最终得到了令人欣喜的呈现，灯光在照亮建筑构件的同时，通过不同角度、照度、层次的设计，运用光与暗的魔法，使"人字栱"获得了比日间更加立体而细腻的展现。

照度与色调的调和研究也是一个重要的课题。汉宫建筑色调稳重，并不适合采用古建筑常用的"亮而彩"的夜间灯光效果。通过对照度与色温的反复研究，汉宫的灯光色调整体偏琥珀黄，屋面色调微冷，通过有呼吸感的、色度柔和的整体照明效果营造汉风建筑沉稳经典的魅力。远观兴汉胜境，汉宫的照度与景区内其他片区融为一体，辉煌而不过分夺目。

由于多样化的功能需求，汉宫主体建筑进行了多模式的灯光设计，分别为常规模式、节日模式、演艺模式和节能模式。常规模式突出建筑层次；节日模式配合烟花及室外活动等，呈现出夺目耀眼的效果；演艺模式可使建筑退为汉源湖演艺舞台的背景，也可根据演艺场景呈现不同色调的变换；节能模式为景区夜间闭园后的状态，照度调低，在夜晚的兴汉新区中柔和地驻立。其中，常规模式与演艺模式是最为常用的两个模式。汉宫建筑群在夜间有双重身份：既是景区中的文化地标，又是汉源湖《天汉传奇》演出的视觉核心和巨幅背景。常规灯光效果是夜间景观的常态呈现，需要满足夜间游览观光的需求，营造稳重宁谧的氛围，灯光照度、色彩偏向温和、典雅。

而《天汉传奇》是一场华美的演出，需要颜色鲜亮、照度强烈的灯光，又需要进行符合剧情和视觉效果的特殊设计。《天汉传奇》的演出不同于仅仅观赏建筑立面的光影秀，它是一场有水幕、激光、LED 和演员共同参与的大型实景演出秀。两种模式需要的灯具和控制系统大为不同，需要充分地设计整合和流畅地控制切换。

照明最基础也是最难的一个要求就是"见光不见灯"，汉宫整体建筑节点复杂，要做到处处"见光不见灯"并不容易。汉宫屋面线条轻盈飘逸，但对于泛光灯具来说，屋面造型太"纤薄"了，檐口的出檐节点厚度无法容纳灯具，出现了藏不住的屋面灯。屋面露出的灯具在视觉上十分明显，仿佛一排排黑乌鸦站立于屋檐，极大影响了视觉效果。建筑、幕墙、泛光等专业在样板段上不断地尝试，对灯具安装位置进行调整，将灯具逐步向内侧移动，终于找到一个灯光效果和灯具安装位置的平衡点，使得灯具在明装的情况下，依然确保在人视角度"不见灯"的效果。每一次华灯初上，灯光渐次亮起，都像是为汉宫建筑群完成了一次盛大的加冕。唯美的汉宫夜景背后，是灯光设计师和现场调试工人对于完美的追求。

札记

设计师的雨靴

前期的构思、设计、汇报、出图、开会确实很费心费神费脑，但是把"这个行业也是个体力活"这一粗放结论推向高潮的，是建筑呈现之前的现场设计跟踪阶段。

汉中气候湿润，常常下雨，又湿又冷是入冬后在工地里的主要感觉。这时，最需要的就是一件保暖的外衣，一双洋气的胶鞋——雨靴。黑色的靴子给人很酷很帅的感觉，所以工地上的每一个工作人员看起来都格外的酷——监理站在风中指挥，很酷；工人们充满力量感的智慧作业，也很酷。虽然自己看不见自己，但猜想中忙于讨论建筑的我们应该也是蛮酷的。

我们的雨靴是在工程部边上的小铺子买的。本以为有了雨靴便可以任意游走于汉宫三山，但实际情况是在雨天从踏入基地的第一步起便再没有"轻松"二字。汉中的地质状况虽不同于西安的湿陷性黄土，可是赭石色的泥土遇到盆地丰沛的雨水还是黏腻得一塌糊涂，再加上项目的筑山理水使工地上到处都是试验预堆的黄土，雨靴的鞋帮总是显得那么短。七局管理的现场井然有序，但建筑师在现场走的不是寻常路，地上常遍布钢钉和钢筋，雨靴总是显得那么薄。到现场巡视常常带着自信进去，带着问题出来，在工地的毛坯房中继续思考与讨论。

结构封顶之后，我们时常需要去指导建筑群的角角落落。就汉宫的体量来说，用"爬得漫山遍野"来形容绝对不夸张。世上本没有路，走的人多了就成了路。来来去去、反反复复游走在兴汉城市展览馆、汉乐府、汉文化博物馆的堆土山之间，三山上慢慢形成了一条连通三个建筑的蜿蜒的小步道。存在即是合理的——惊奇地发现，这条路竟然与我们设计的景观步道基本贴合。那是一条山上的景观小路，不很宽，但却是一条非常重要的观赏路径，可以依次游览三座建筑。汉桂绿荫，潺潺溪水，这条游线比景区主路的景观条件更佳，不仅是最美小路，同时也是最便捷的小路。不知什么时候开始，微信步数变得流行，很多朋友会每天适时关注一下自己今天走了多少步。我们在项目工程现场的日子，平均每天走20000步，每一步都是围绕汉宫里里外外、上上下下走出来的。

驻场是一件辛苦的事情，现场的每一个人都为了这个项目忙得焦头烂额，换上雨靴下工地，脱了雨靴去开会，冬日的汉中现场项目部，办公室已然和更衣室合二为一。未来或许我们会保留工地上的雨靴，因为它是我们的战靴，踩着它，就显得特别神气。那时的西成高铁还未开通，我们每周从上海来往汉中的飞机需要凌晨出发凌晨到。缺少睡眠，但却从未缺少干劲儿。一队衣着各异的人，雨靴却是一式的，走在工地上，我们距离项目建成的日子就越来越近。

图一（左）泥泞的汉宫工地
供图：圆直设计
图二（右）工地上的雨靴
摄影：潘赛男

雪中的汉宫工地

供图：汉文投

工人的智慧

开工后的第一根桩打下之后，设计便再也不是纸上谈兵了。需要打交道的，除了业主和设计单位的同行，又多了施工企业的朋友，当然也包括工地上的一线工人。七局的同事曾说过，汉宫土建阶段，现场的工人最多时有几千人。有一张现场照片记录了绵延的汉宫建筑上，工人们成队地忙碌着的画面：山岭上的园林工人、楼阁上的土建工人以及透过尚未封闭的外墙布满各个空间的装饰工人……这是一番很壮观的景象。随着项目的持续推进，工人们与我们有了一些很有趣的难忘瞬间。

与工人们聊艺术效果

样板段做出来之后，所有路过的人都会驻足评论。我们很欣喜，因为审美本就不是唯一的，更何况作为文化旅游建筑，未来汉宫也需要更多人来评判。有一次我们在讨论建筑立面上的一些实木雕刻，之前安排了南方匠人和北方匠人分别打造，比选立面尺度和效果的同时，也可比较南北方的雕刻艺术风格。在我们"采访"了一名工人对于效果的个人喜好和直觉评价之后，附近的其他工人也纷纷加入，热烈地讨论起来。或许他们对于立面的比例不见得能一眼看出来问题，但对于南方雕刻风格和北方雕刻风格哪个更适合汉宫、更适合汉中都有着独特的见解。另外一次对于汉龙的雕刻风格的评价，也让我们十分受益。工人们直接而朴实的评价给了我们很多启发，他们不

汉宫工地上的人们
图一（上）
供图：汉文授
图二（下）
供图：圆直设计

时也会主动提出很好的问题："金属瓦会不会有点亮""屋檐口会不会有点尖""这个地方看起来不太精致""那里看起来不够汉风"等，有时候与我们的想法不谋而合，有时候角度又非常独特，实在是名副其实的工地艺术家。

工人们总有办法

汉宫项目还涌现出一大批工地发明家。面对设计师的很多要求，工人们的创造力总能让我们赞叹"高手在民间"。当时，由于立面石材既要控制块面尺寸，又要限制厚度，还要表现出自然面的效果，技术难题一时难以攻破。施工单位的技术人员和工人就组织了攻关团队，找到了识材认料的要点，研发了专属的劈开石料的方法。因为我们提出了黄铜颜色一致性的要求，负责铜构件的工人们就组织专题研究，实现了经过锻造、铸造等多种处理手法之后黄铜颜色的统一。景观的工人们也悉心研究每一处的做旧方法，让桥梁和园林小品充满古意。类似的例子还有很多，工人们不怕动脑子，一旦有了"发明创造"，成就感更是满满的。一个难题被攻克，瞬间就口口相传，在工地上推广成为标准模式，如火如荼地推进着汉宫的建设。

匠人与石

亲临曲阳石雕工厂，说是设计师去指导石雕工作，但其实每次都是一番实实在在的学习。曲阳工匠擅长汉白玉石雕，在汉宫项目中的雕刻更是雕石如雕玉，每一块都可称之为艺术品。任何一块样品，都令人忍不住反复触摸把玩。据说故宫的汉白玉雕刻也是曲阳石雕匠人的作品，在当地，这份对于石雕精益求精的情怀代代相传。

记得有一次在曲阳现场与石雕匠人一同午餐，氛围轻松愉悦。我们撇开项目，专注地聊石雕艺术，提出了机器雕刻是否会冲击传统工艺，或者对手工雕刻传承产生巨大影响。匠人们对此眼光深远而心胸宽广。他们认为手工和机器是可以并存的，根据市场结合起来使用，他们并不担心机器会取代手工雕刻，只要石雕还是艺术，那么，创作是不会被机器替代的。他们举例说，汉宫每一处立面石雕都要求先做泥稿样品再确认，这份泥稿本身就是一件工匠从心到手，通过泥巴不断把他的思考表现出来的作品。通过和建筑师的交流，工匠理解了建筑并共同塑造了建筑细节中的艺术元素，这个过程是任何机器都无法取代的。

与此同时，曲阳匠人更担心的是越来越少的年轻人愿意从事石雕艺术。传统石雕的手艺还在，但是传承的路还很长。匠人们对于传承这件事看得很重，所以他们认可汉宫，因为它提供了一种载体，可以供他们书写传统的载体。当游客驻足观赏的时候，会看到曲阳的石雕艺术在传承，匠人精神在传承。

我们发现，每次和工人师傅在一起都能够拍出很不错的照片，镜头中的他们很真实，充满了干劲。他们是工人，也是工程师、艺术家、发明家，有时还是哲学家，他们是工地上的主角。

汉中人的期待

做项目，最离不开的就是当地人。我们在汉中的这些年，与汉中人结缘，留下了许多难忘的回忆。

最网红的工地

2018 年是戊戌狗年，在这个到处都喜气洋洋的正月里，汉中工地并没有放假。开园正在倒计时，大量工程还在进行中，兴汉新区依旧叮当作响，弥漫着热气腾腾的工地气氛。为了欢度春节，给建设中的新区加把劲儿，丝路风情街和汉人老家街已完成立面的样板段工地开设了灯光秀。

正月初十的夜晚，我们的商务车穿梭在工地前丝绸路上火树银花的梦幻灯光中，正想着赞叹不一样的工地，突然，堵车了。寒冬里的新城只有大片施工中的工地，印象中应该是人烟稀少又荒凉，怎么就堵车了？

前方出现了我们怎么也想不到的场面：几条景观道路交汇处，多个数米高的灯笼状 LED 显示屏滚动播放着未来兴汉新区的影片。路口人头攒动：找停车位的私家车主，骑单车或散步的附近居民，拿着气球和棉花糖疯跑的孩子，指挥交通的交警，自发形成的夜市小贩，还有忙着自拍的年轻人……我们在车里探出头，放眼望去，远处更是人山人海，响彻天空的欢快音乐伴随着阵阵喝彩，那里是汉人老家街入口广场的灯光秀。一时间，忘记了这里是工地。业主告诉我们，这几天人已经少了很多，过年的那几天才叫做水泄不通，汉中全城的居民都来看新鲜，兴汉胜境的工地已经是名副其实的汉中"新年第一网红"。

对于当地及周边地区的老百姓来说，兴汉胜境还未开园就火了。天气虽然很冷，站在拥挤、热闹的人群中，所有团队成员心里是欣慰的：一片工地竟然能形成口口相传的效应，使项目在雏形阶段就成了汉中及周边的春节旅游必到景点。同步开展的文化活动策划是拉动人气的重要方法，我们无比期待，园区建成开园后，计划中的世界汉语节、中国汉乐节、国际汉方大会、银河龙舟大会、世界汉学大会、汉服节、丝路文化艺术节、汉人老家回家盛典等种种盛大活动的举办，不知会带来怎么样的旅游中心、旅游枢纽效应。

未开园就在汉中实现高人气，同样也符合"景区即社区"的初衷，我们做的不仅仅是旅游项目，更是城市文化创新项目。城市的主体是这座城里的每一个人。自从做了汉宫项目，所到之处便与当地人再也分不开了。设计从此不再是单纯在办公室里的案头工作，而是深入当地，了解当地人所想，体会他们的文化自豪、他们的文化传承和他们想要的新城市、新生活。

听当地人讲故事

每年4月，汉中勉县的油菜花漫山遍野，美不胜收。新城开发前的汉中几乎没有知名的酒店，也没有专项的旅游配套设施，但开春之后西安、成都来汉中的高速依然拥堵，高铁一票难求。这里的人们喜欢玩耍，活力十足，不愿错过每一次参与当地盛会的机会。每每与当地人接触，我们自然而然地就成了提问的记者，请他们为我们讲述这里的传说和故事。也许与教科书里的历史不一致，但每一个故事都很鲜活，深深地蕴含着与汉中的关联，与汉中当地人的关联。

在汉中，我们听当地人讲刘邦在这里的传奇，两千年前蔡伦怎么有了造纸发明的灵感，诸葛亮在汉中的奋斗经历……我们有幸听到这些当地人口口相传的历史，并转化成我们的设计语言，继续传承这些故事。

各地的出租车司机都是最具当地特色的一群人，汉中司机也不例外。让我印象很深刻的是他们的口音，陕西味儿夹杂着成都味儿，有的甚至让你感觉很穿越，恍惚间忘记了在哪座城市。汉中的司机大哥的文化归属感也很强，记得有一次项目组考察汉中张骞、蔡伦等周边文化项目，由于距离较远，我们包了一辆车，司机大哥很激动，一路上为我们做导游，有问必答，十分热情。一条河、一个台、一座桥，都能讲一路。汉中的司机师傅既豪迈，又有细腻的一面。我们打车的目的地大多是汉宫现场，每当得知我们是汉宫的设计师，师傅就会更加热情，甚至有一次，开到终点的司机大哥无法用言语表达他与我们投缘之情，竟说什么也不肯收钱。感动之余，我们深知做汉宫不仅是一个项目，还有一份责任在肩上，为了司机师傅，也为了汉中人。

几年来我们与当地人共同构想的蓝图实现的那一刻，自然而然在汉中形成了高人气。兴汉胜境的定位是属于全体中国人的老家，但它首先是汉中人的。

老玉米先生

2017年的秋末冬初，在施工现场开过例会之后，我独自在汉宫门前驻足。那天降温了，吸进来的冷空气透心凉。天色有些昏黄，但现场依然熙熙攘攘聚集了不少人。就在此时，一位干净利落的中年朋友朝我走来，我礼貌性地点头微笑，同时也注意到了他手中的无人机遥控器。"您好，我是摄影爱好者，想了解一下有哪些角度拍这组建筑最好看，但不知问谁合适？"由于后面还有会议安排，我只是迅速指给他最重要的几个观赏建筑的点位，没有讲原因，只是建议他去这些地方踩踩点，从摄影师的角度试试看，或许会有惊喜和意外。最后我们加了微信，留了联系方式。这是我的通讯录里第一个不是因为项目工作原因而结识的汉中当地人——摄影爱好者老玉米。

2018年5月，快半年了，突然收到老玉米的消息。他说在最理想的拍摄点位上拍到了汉宫建筑群的"标准像"！收到的摄影作品非常精彩，有黄昏下的汉宫，晚霞中的汉宫，星空下的汉宫以及配上音乐的延时摄影。点开视频的那一瞬间，我发自内心地感动，因为汉宫，因为这段贴切的音乐，也因为老玉米的突然联系。老玉米说他对汉宫背后的设计故事感兴趣，因为那几天我们不在汉中，隔着1600公里的我将创作过程中的几篇文字，尤其是对于他下次拍摄可能有帮助的文字转发给他。我问老玉米如何看待汉宫的设计以及目前呈现的效果，得到的评价言简意赅："就是这感觉，建筑气势雄浑，天与建筑相映，背景的秦岭是绝对的亮点。"听了他的评价，不自觉嘴角上扬，很开心能够与汉中人共同分享这份关于汉宫建筑的感受。

老玉米对于摄影十分执着。他时常会因为要拍出独一无二的作品而问我们一些有趣的问题，比如：什么样的光照下建筑最立体？建筑的颜色搭配是如何考虑的？一年四季中建筑有什么不同的特征？……每个问题都促使我们从新的角度再次思考。建筑逐步呈现全貌的过程中，我们的联系也越发频繁，并时常互相评价各自的"汉宫作品"。

我们接触的汉中人，从网红工地附近的居民，到讲故事的司机大哥，再到老玉米，都对自己的家乡有着热忱的文化自信。这些年来，我们也慢慢有了同样的文化归属感，这或许就是汉中这个"汉人老家"的魅力所在吧。

汉宫小径
摄影：钱健

参考文献

[1] 赵燕.有座城市叫汉中 [J].设计新潮，2014（171）：13-16.

[2] 丁杰.汉中兴元汉文化生态新城镇的文化规划模式 [J].设计新潮，2014（171）：39.

[3] 庄山.兴元新城镇：未来之城的构想与实践 [J].三联生活周刊，2014（29）：126-135.

[4] 林瑛，陈年丰.江南园林风水浅析——以寄畅园为例 [J].创意与设计，2017（3）：50-55.

[5] 郑毅辉.浅谈中国古建筑的形与势 [J].山西建筑，2010（12）：48-49.

[6] 梁思成.中国建筑史 [M].天津：百花文艺出版社，1998.

[7] 钱詠.履园丛话 [M].北京：中华书局，1979.

[8] 周学鹰.汉代建筑大木作技术特征 [J].华中建筑，2006（9）：124-128.

[9] 林司悦.论汉代色彩审美的形成 [J].中共福建省委党校学报，2014（7）：116-120.

[10] 舒婷.尼泊尔传统建筑的地域性探析 [J].住区，2016（5）：146-151.

[11] 殷勇，孙晓鹏.尼泊尔传统建筑与中国早期建筑之比较——以屋顶形态及其承托结构特征为主要比较对象 [J].四川建筑，2010（2）：40-42.

[12] 李诚.营造法式 [M].北京：中国书店出版社，2006.

[13] 张金菊.香山帮传统营造技艺的绿色思想研究 [D].苏州：苏州大学，2020.

[14] 徐耀强.论"工匠精神" [J].红旗文稿，2017（10）.

后记

在本书基本完成之际，回顾写作过程，可归纳成一次次重要的对话。

最初的一次对话还要追溯到 2014 年。在圆直设计公司的办公室，蓝狮子出版社的周华诚先生来采访我，为《向美而生》一书作专访。期间谈到我们正在设计的汉宫建筑时，周先生建议可以写一本书。他觉得很有意思的是如何用当代先进的建筑技术、工艺来建造一个汉代风格的建筑。新与旧、传统与现代的对比是一个十分有趣的话题，他鼓励我们写出来。

与周先生的对话引出了我们与更多人对话的愿望，希望通过多方面的交流，帮助我们进一步理解汉宫以及它所承载的各个维度上的文化意义。当时，我参与设计的无锡灵山梵宫建筑已落成五年，与汉宫同时期设计的山东曲阜尼山大学堂项目也正处于建设高峰时期，这三个项目有相似之处，也有不同的文化立足点，在这个时间节点做些思考总结是非常有帮助的。于是，我和潘赛男在汉宫工程将要完工的 2017 年开始了写作的工作，2020 年之后蔡少敏参与进来，本书的写作班子搭建完成。可以说，接下来几年的写作是伴随着一场接一场的对话完成的。有圆直设计团队内的回顾，有和参与汉宫设计的合作伙伴间的对话，也有请建筑领域的前辈、同行给予的观点评述等，对话给予我们从各种角度重新认识汉宫的机会。

最终完成的书也以对话作为主线，共分为五章。第一章"汉源"记录了在建筑酝酿和设计构思阶段与汉中当地文化之间的对话。汉中的文化博大而悠远，将我们带入了由银河到汉水，由两千年前的汉朝到当代汉中的神奇旅程。这是与天、地、人的对话，为汉宫建筑的创作植入了文化基因。第二章"苑囿"写汉宫的规划设计与山水间的对话。中国式的规划离不开山水，正是借山造水，使汉宫扎根于这个场所之中，虽由人作，宛若天开，又通过营造建筑化的山水，形成了汉宫建筑群的布局。第三章"楼宇"写汉宫建筑设计与千年之前的汉建筑的对话。以历史上关于汉代建筑的记载为设计的源头，但不局限于文献的束缚，而是尝试创造一种新的形式。第四章"协同"是建筑师与参与汉宫建造的其他各专业设计师之间的对话，在设计过程中，不同领域的设计师之间充满了灵感的互相点燃和观点的激烈碰撞。第五章"琢磨"是与营造汉宫的工匠之间的对话：传统的中国工艺如何为当代建筑所有？在跨越了一些技术和观念间的沟壑之后，我们与过去间的联系更为紧密，也开拓了广阔的创作新天地。

说到写作本书对于我们有什么意义，最重要的是通过对

作者团队在汉宫前合影
摄影：陆章杰

话，从汉中切入，串联起了天汉、汉水、汉朝、汉文化，让我们去思考当地文化从哪里来，如何去走近和认识，进而去讲述和表现；从建筑切入，串联起了汉代与当代、东方与西方，让我们去思考当代中国建筑的传统基因和未来的可能。通过与专家、业主、同行、游客乃至家人开展关于项目的不同形式的讨论，使我们认识到，汉宫设计不仅是一个营造建筑的过程，更是一个认识文化、创作文化的过程，这些认识部分记录在本书中，更多地需要留在今后的工作中进一步体会。

本书得以完成，要感谢业主单位汉中文化旅游投资集团有限公司和杨海明董事长在项目进程和本书的写作过程中给予的全力支持；设计统筹单位无锡灵山文化旅游集团和吴国平董事长不仅给予我们参与项目的机会，也引领我们对于项目进行了深入理解和思考。感谢灵山集团的两位领导陈琪、丁杰以及项目组成员从运营和设计等方面提供了大量技术支持和工作指导；感谢上海建筑学会曹嘉明理事长、同济大学陈易教授、《建筑学报》李武英主编对本书提出了指导意见；感谢我们的合作伙伴华东建筑设计研究院有限公司、禾易建筑设计有限公司、上海聚隆绿化景观有限公司、上海凡度建筑设计有限公司、北京锋尚世纪文化传媒股份有限公司、上海易照照明有限公司以及中国建筑第七工程局有限公司项目部的设计师和合作伙伴；感谢章鱼见筑摄影工作室；感谢上海圆直设计公司参与过书籍编撰和项目设计的曲国峰、潘赛男、孙敏达、姚广宜、顾君懿、汪涛、攸然、李煜颖、刘菲宇、倪羿林、颜建辉、舒明、龙奇华、金力、杨睿、金为贤等。我的妻子宋雷帮助完成了本书的审核校对，家人和好友钱自立、金为人、陆章杰等对本书提供了各方面帮助，在此也一并致谢！

2023年，书即将交付，写作小组也经过51场有交谈记录的对话完成了使命。这一次关于汉宫建筑的对话将暂告一段落。汉宫承载了很多人的理想与实践，能以建筑师的身份参与其中，我深感荣幸。

钱健
写于上海
2023年5月

作者简介

钱　健 |

建筑师，文化学者

简介 |
1971 年生
上海圆直建筑设计事务所 创始人、总建筑师
国家一级注册建筑师
汉宫主创建筑师
其他代表作品：无锡灵山梵宫、曲阜尼山大学堂、日照太阳文化中心、中国音乐
学院国音堂、九江吴城鸟类展示中心等。

潘赛男 |

简介 |
1987 年生
汉宫建筑设计师

蔡少敏 |

简介 |
1990 年生
国家一级注册建筑师
中级工程师，室内设计师

图书在版编目（CIP）数据

汉宫对话：汉中·文化建筑实践 = HAN MUSEUM
DIALOGUES An Architectural & Cultural Practice
in Hanzhong / 钱健，潘赛男，蔡少敏著 .—北京：中
国建筑工业出版社，2023.7

ISBN 978-7-112-28903-5

Ⅰ . ①汉… Ⅱ . ①钱… ②潘… ③蔡… Ⅲ . ①城市建
筑—城市文化—研究—汉中 Ⅳ . ① TU984.241.3
② C912.81

中国国家版本馆 CIP 数据核字（2023）第 123164 号

数字资源阅读方法
本书提供全书图片的电子版（部分图片为彩色）作为数字资源，读者可使用手机 / 平板
电脑扫描右侧二维码后免费阅读。

操作说明：

扫描右侧二维码→关注"建筑出版"公众号→点击自动回复链接→注册用户并登录→
免费阅读数字资源。

注：数字资源从本书发行之日起开始提供，提供形式为在线阅读、观看。如果扫码后遇
到问题无法阅读，请及时与我社联系。客服电话：4008-188-688（周一至周五 9:00-17:00）
Email：jzs@cabp.com.cn

责任编辑：李成成
责任校对：张 颖

汉宫对话 汉中·文化建筑实践
HAN MUSEUM DIALOGUES An Architectural & Cultural Practice in Hanzhong
钱 健 潘赛男 蔡少敏 著
*
中国建筑工业出版社出版、发行（北京海淀三里河路 9 号）
各地新华书店、建筑书店经销
北京雅盈中佳图文设计公司制版
北京中科印刷有限公司印刷
*
开本：787 毫米 ×960 毫米 1/16 印张：21$\frac{1}{2}$ 字数：212 千字
2023 年 10 月第一版 2023 年 10 月第一次印刷
定价：99.00 元（赠数字资源）
ISBN 978-7-112-28903-5
（41205）